电工技术基础与技能项目教程

工 作 页

庄汉清　编著

電子工業出版社
Publishing House of Electronics Industry
北京 · BEIJING

目 录

欧姆定律的探究

班级：_________ 姓名：_________ 学号：_________ 同组者：_________

工作时间：第______周 星期______第______节（_____年_____月_____日）

【任务单】

欧姆定律的探究实验直流电路如图 1-1-1 所示。请你完成以下工作任务：

① 用专用导线将电路中 *X*1-*X*2、*X*3-*X*4 两点间连接起来，构成闭合电路Ⅰ：*A-B-E-F-A*；将开关 S_1 打向上接通电源 U_1。

② 分别选取 U_1=8V，16V。测量不同电源电压下，图中电压 U_{AF}、电流 I_1，并将测量数据填入表 1-1-1 中。

③ 用专用导线将电路中 *X*1-*X*2、*X*5-*X*6 两点间连接起来，并将开关 S_2 打向下，构成闭合电路Ⅱ：*A-B-C-D-E-F-A*。选取 U_1=20V，并保持不变。测量相同电源电压下，不同回路（电阻）时，电路中电压 U_{AF}、电流 I_1，并将测量数据填入表 1-1-2 中。

④ 计算 U_{AF}/I_1 比值，在不同 U_1 的情况下“比值”是否有变化？计算 $I_1R_{回路}$乘积，在不同回路下“乘积”是否变化？

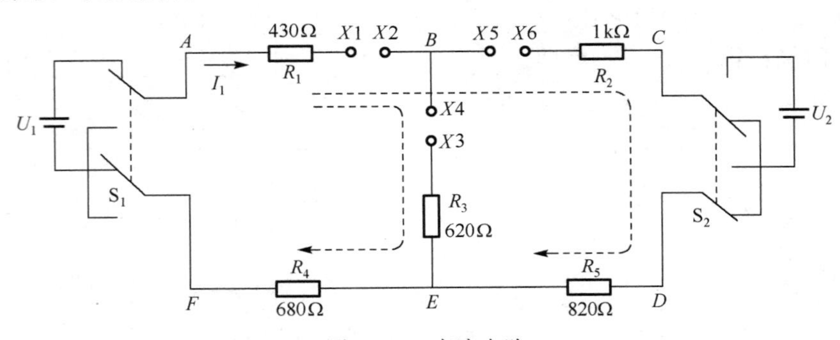

图 1-1-1　直流电路

【工作准备】

1．电工仪表

根据任务单下达的工作任务，备齐仪表。主要仪表是：__________、__________、__________。

2．器材准备

DS-IC 型电工实验台、直流电源模块、直流电路单元（DS-C-28）、专用导线若干。

3．质量检测

根据工作任务，备齐所需的元器件，并对选择器件进行外观及其质量检测。检测直流电路单元模块中的各电阻元件的阻值，检测结果（电阻单位为 Ω）：

R_1=________，R_2=__________，R_3=__________，R_4=__________，R_5=__________。

【任务实施】

1．电路连接

① 将已选择好的电路模块（元器件）放置于合理位置。

② 根据电路原理图，用专用导线连接电路。

2．电路测量

闭合实验台总电源开关，打开直流电源 U_1 船形开关，旋转“电压调节”旋钮选择直流电源 U_1 电压值。

① 连接电路中 $X1$-$X2$、$X3$-$X4$，将开关 S1 打向右，接通直流电源 U_1。电源电压分别取 U_1=8V，16V，测量闭合回路Ⅰ：A-B-E-F-A 中电压 U_{AF}、电流 I_1，将测量数据记录表 1-1-1 中。

② 取 U_1=20V，测量闭合回路Ⅰ中电压 U_{AF}、电流 I_1，将测量数据记录表 1-1-2 中。

③ 保持电源电压 U_1=20V 不变，将 $X3$-$X4$ 连接导线取下，将 $X5$-$X6$ 连接起来，测量闭合回路Ⅱ：A-B-C-D-E-F-A 中电压 U_{AF}、电流 I_1，将测量数据记录表 1-1-2 中。

表 1-1-1　欧姆定律的探究实验数据　　测试条件：回路电阻不变

序号	测量数据			计算值
	U_1（V）	U_{AF}(V)	I_1(mA)	$\frac{U_{AF}}{I_1}$
1				
2				

表 1-1-2　欧姆定律的探究实验数据　　测试条件：电源电压不变（U_1=20V）

序号	回路	测量数据			计算值
		U_{AF}（V）	I_1（mA）	$R_{回路}$（kΩ）	$I_1R_{回路}$
1	回路Ⅰ				
2	回路Ⅱ				

3．实验数据分析与结论

① 表 1-1-1 中数据表明：__________一定，U_{AF}/I_1 比值__________，说明一段电阻电路中的电流与电压成__________。

② 表 1-1-2 中数据表明：__________一定，$I_1R_{回路}$乘积__________，说明一段电阻电路中的电流与该段电路的电阻成__________。

注：实验结束后，请你整理实验台，清点实验器材。

【任务评价】

请你填写欧姆定律的探究工作任务评价表（表 1-1-3）。

表 1-1-3 欧姆定律的探究工作任务评价表

序号	评价内容	配分	评价细则	学生评价	教师评价
1	选用工具、仪表及器件	10	（1）工具、仪表少选或错选，扣 2 分/个 （2）电路单元模块选错型号和规格，扣 2 分/个 （3）单元模块放置位置不合理，扣 1 分/个		
2	器件检查	10	（4）电器元件漏检或错检，扣 2 分/处		
3	仪表的使用	10	（5）仪表基本会使用，但操作不规范，扣 1 分/次 （6）仪表使用不熟悉，但经过提示能正确使用，扣 2 分/次 （7）检测过程中损坏仪表，扣 10 分		
4	电路连接	20	（8）连接导线少接或错接，扣 2 分/条 （9）电路接点连接不牢固或松动，扣 1 分/个 （10）连接导线垂放不合理，存在安全隐患，扣 2 分/条 （11）不按电路图连接导线，扣 10 分		
5	电路参数测量	20	（12）电路参数少测或错测，扣 2 分/个 （13）不按步骤进行测量，扣 1 分/个 （14）测量方法错误，扣 2 分/次		
6	数据记录与分析	20	（15）不按步骤记录数据，扣 2 分/次 （16）记录表数据不完整或错记录，扣 2 分/个 （17）测量数据分析不完整，扣 5 分/处 （18）测量数据分析不正确，扣 10 分/处		
7	安全文明操作	10	（19）未经教师允许，擅自通电，扣 5 分/次 （20）未断开电源总开关，直接连接、更改或拆除电路，扣 5 分 （21）实验结束未及时整理器材，清洁实验台及场所，扣 2 分 （22）测量过程中发生实验台电源总开关跳闸现象，扣 10 分 （23）操作不当，出现触电事故，扣 10 分，并立即予以终止作业		
合计		100			

【思考与练习】

一、填空题

1．电路的作用是实现电能的________和________，信号的________和________。

2．一个完整的电路，一般由_______、_______、_______和_______4 部分组成。

3．电路有三种工作状态，即_________、_________和_________状态。当电路处于_________状态时，电源提供的电流要比正常工作电流高出许多倍，会导致电源因过热而损坏。严重时，会烧毁电源或用电设备，甚至引发线路火灾。

4．电压的实际方向由________指向________；电动势的方向由__________指向__________。

5．在温度不变时，一定材料导体的电阻与它的_______成正比，与它的_______成反比，这个规律叫做电阻定律。

6．实验表明，在一个含有电源的闭合电路中，通过电路的电流与_________成正比，与电路的_________成反比，这个规律叫全电路欧姆定律。

7．指出图 1-1-2 中理想电路元件图形符号对应的文字符号与名称，并填写在横线上。

______　______　______　______

图 1-1-2　理想电路元件

8．“千瓦·时”俗称为________，在实际应用中常作为电能的单位，它与电能国际单位焦耳的换算关系是 1 千瓦·时=____________________焦耳。

9．指出图 1-1-3 中电阻器元件的名称，并填写在横线上。

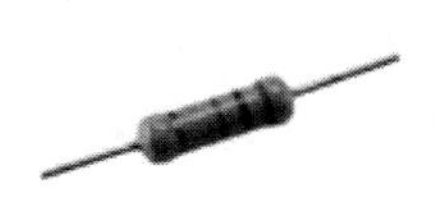

______　______　______　______

图 1-1-3　电阻器元件

二、简答题

1．根据你测量的实验数据，计算同一回路在不同电源电压 U_1 时，U_{AF}/I_1 比值是否变化？为什么？

2．根据你测量的实验数据，计算同一电源电压 U_1 不同回路时，$I_1R_{回路}$乘积是否变化？为什么？

3．根据日常观察，电灯在深夜要比黄昏时亮一些，为什么？

4．为什么不能说仪表的准确度越高，测量结果一定越准确？为保证测量结果的准确度，测量中应注意哪些问题？

三、计算题

1．某电动机绕组在室温（25℃）时测得电阻为 10Ω，电动机运行一段时间后测量得绕组电阻为 12Ω。已知电动机绕组材料为铜芯线，计算此时电动机绕组的温度是多少？

2．如图 1-1-4 所示电路，如果当开关断开时，电压表的读数为 9V；当开关闭合时，电流表的读数为 0.40A，电压表的读数为 8.8V。试求电源的电动势 E 和内阻 r。

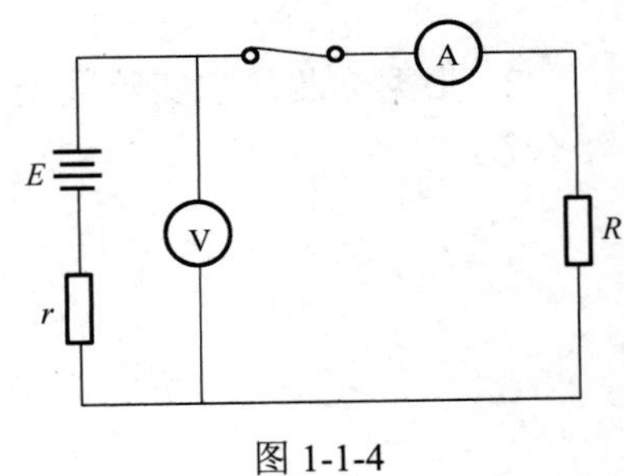

图 1-1-4

3．用量程为 30V 的电压表，测量实际值是 16V 的电压，测量结果为如图 1-1-5 所示读数，绝对误差和相对误差各为多少？若求得的绝对误差被视为最大绝对误差，试确定该表的准确度等级。

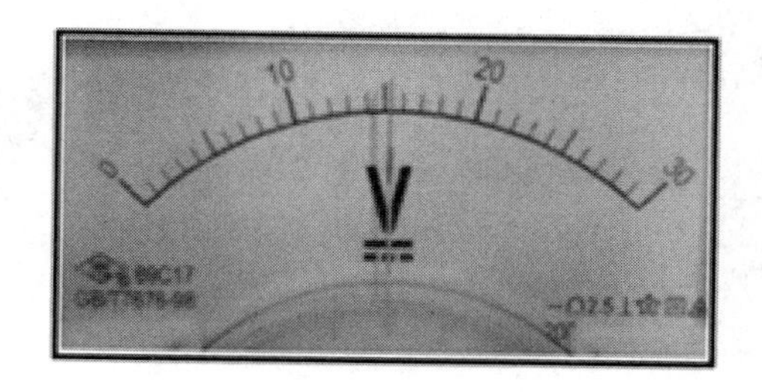

图 1-1-5

任务 1-2

电阻电路的连接与测试

班级：________ 姓名：________ 学号：________ 同组者：________

工作时间：第_____周 星期_____第_____节（_____年_____月_____日）

【任务单】

根据如图 1-2-1 所示的电阻电路，请你完成以下工作任务。

（1）电路的连接

用专用导线将电路中 $X1$-$X2$、$X3$-$X4$、$X5$-$X6$ 两点间连接，开关 S_2 打向下（左），开关 S_1 打向上（右）接通电源 U_1。

（2）电路的测试

① 探究电阻串联特点的测试；

② 探究电阻并联特点的测试；

③ 探究混联电路等效电阻的测试

（3）实验数据分析

根据实验数据，分析等效电阻与各电阻之间关系，以及串联电阻的分压作用和并联电阻的分流作用。

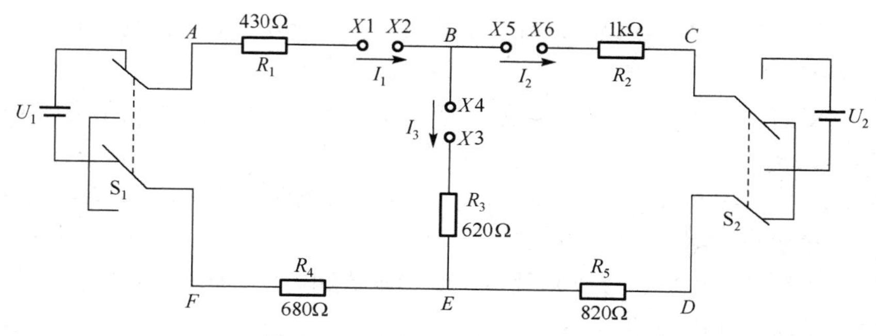

图 1-2-1　电阻电路的连接与测试

【工作准备】

1. 电工仪表

根据任务单下达的工作任务，备齐仪表。主要仪表是：__________、__________、__________。

2. 器材准备

DS-IC 型电工实验台、直流电源模块、直流电路单元（DS-C-28）、专用导线若干。

3. 质量检测

用万用表合适量程，测量直流电路单元（元器件）中各电阻元件的阻值，将测量数据记录表 1-2-1 中，并与标称值做比较。

表 1-2-1　直流电路单元电阻的测量

电阻	R_1/Ω	R_2/Ω	R_3/Ω	R_4/Ω	R_5/Ω
标称值					
测量值					

【任务实施】

1．电路连接

① 将已选择好的电路模块（元器件）放置于合理位置。

② 根据电路原理图，用专用导线连接电路。

2．电路测量

（1）探究电阻串联电路的特点

① 将开关 S_2 打向下（左），用专用导线连接图中 $X5$-$X6$，构成 R_2、R_5 电阻串联电路。测量串联电路 BE 间的电阻值 $R_{BE}=R_2+R_5$，并将数据记录表 1-2-2 中。

② 再连接图中 $X1$-$X2$、$X3$-$X4$。取直流电源 U_1=10V，并连接至 A（+）、F（–）两点间，将开关 S_1 打向上（右）接通电源，测量电流 I_2；测量电压 U_{BE}、U_{BC}、U_{DE}，将实验数据记录表 1-2-2 中。

③ 取直流电源 U_1=20V，按以上步骤再次测量电流和电压，将实验数据记录在表 1-2-2 中。

（2）探究电阻并联电路的特点

① 将开关 S_1 打向下（左），断开电源。测量 R_3 支路与（R_2+R_5）支路构成的并联电阻电路的总电阻 $R_{BE}=R_3//(R_2+R_5)$，并将数据记录在表 1-2-3 中。

② 取直流电源 U_1=10V，并接通电源，测量通过各支路电流 I_1、I_2、I_3；测量电路中 B、E 间电压 U_{BE}，将实验数据记录在表 1-2-3 中。

③ 取直流电源 U_1=20V，按以上步骤再次测量电流和电压，将实验数据记录在表 1-2-3 中。

（3）探究电阻混联电路的特点

① 将开关 S_1 打向下（左），断开电源。测量电阻 R_1~R_5 构成的混联电阻电路的等效电阻 R_{AF}，并将数据记录在表 1-2-4 中。

② 取直流电源 U_1=10V，并接通电源，测量通过 $X1$-$X2$ 电流 I_1；测量电路中 A、F 间电压 U_{AF}，将实验数据记录在表 1-2-4 中。

③ 取直流电源 U_1=20V，按以上步骤再次测量电流和电压，将实验数据记录在表 1-2-4 中。

表 1-2-2　探究串联电路特点实验测量数据

序号	R_2/Ω	R_5/Ω	R_2+R_5/Ω	I_2/mA	U_{BE}/V	U_{BC}/V	U_{DE}/V
1							
2							

表 1-2-3　探究并联电路特点实验测量数据

序号	R_3/Ω	R_2+R_5/Ω	$R_3//(R_2+R_5)$/Ω	U_{BE}/V	I_1 /mA	I_2/ mA	I_3 /mA
1							
2							

表 1-2-4　探究混联电路特点实验测量数据

序号	R_{AF}/Ω	I_1/A	U_{AF}/V	计算 U_{AF}/I_1 /Ω
1				
2				

3．实验数据分析与结论

① 表 1-2-2 中数据表明：串联电路中，总电阻等于各个电阻之________，总电压等于各个电阻分电压之________，电阻分压与各电阻值成________，说明串联电阻越大，分电压越________。

② 表 1-2-3 数据表明：并联电路中，总电阻的倒数等于各并联支路电阻的倒数之______，总电流等于各支路分电流之______，各支路分电流与支路电阻成________，说明并联电路中支路电阻越大，分电流越______。

③ 表 1-2-4 数据表明：伏安法测量电阻，计算值与直接用万用表测量的测量值____________。

注：实验结束后，请你整理实验台，清点实验器材。

【任务评价】

请你填写电阻电路的连接与测试工作任务评价表（表 1-2-5）。

表 1-2-5　电阻电路的连接与测试工作任务评价表

序号	评价内容	配分	评价细则	学生评价	教师评价
1	选用工具、仪表及器件	10	（1）工具、仪表少选或错选，扣 2 分/个 （2）电路单元模块选错型号和规格，扣 2 分/个 （3）单元模块放置位置不合理，扣 1 分/个		
2	器件检查	10	（4）电器元件漏检或错检，扣 2 分/处		
3	仪表的使用	10	（5）仪表基本会使用，但操作不规范，扣 1 分/次 （6）仪表使用不熟悉，但经过提示能正确使用，扣 2 分/次 （7）检测过程中损坏仪表，扣 10 分		
4	电路连接	20	（8）连接导线少接或错接，扣 2 分/条 （9）电路接点连接不牢固或松动，扣 1 分/个 （10）连接导线垂放不合理，存在安全隐患，扣 2 分/条 （11）不按电路图连接导线，扣 10 分		
5	电路参数测量	20	（12）电路参数少测或错测，扣 2 分/个 （13）不按步骤进行测量，扣 1 分/个 （14）测量方法错误，扣 2 分/次		
6	数据记录与分析	20	（15）不按步骤记录数据，扣 2 分/次 （16）记录表数据不完整或错记录，扣 2 分/个 （17）测量数据分析不完整，扣 5 分/处 （18）测量数据分析不正确，扣 10 分/处		
7	安全文明操作	10	（19）未经教师允许，擅自通电，扣 5 分/次 （20）未断开电源总开关，直接连接、更改或拆除电路，扣 5 分 （21）实验结束未及时整理器材，清洁实验台及场所，扣 2 分 （22）测量过程中发生实验台电源总开关跳闸现象，扣 10 分 （23）操作不当，出现触电事故，扣 10 分，并立即予以终止作业		
合计		100			

【思考与练习】

一、填空题

1. 用电流表测量电流时，应把电流表________在被测量电路中；用电压表测量电压时，应把电压表________在被测量电路中。

2. 有 4 个阻值均为 10Ω 的电阻，若把它们串联，等效电阻是________；若把它们并联，等效电阻是________。

3. 用伏安法测电阻，若待测电阻比电压表内阻小很多时，应采用电流表________接法。这样测量出的电阻值要比实际值偏________。（填内、外，高、低）

4. 用伏安法量电阻，若待测电阻比电流表内阻大很多时，应采用电流表________接法。这样测量出的电阻值要比实际值偏________。（填内、外，高、低）

5. 一只发光二极管发光时要求两端电压是 0.7V，通过的电流是 20mA。如果把这只二极管接入 5V 的电路中，应______（串联或并联）连接一个阻值为______的电阻才能可以使电路正常工作，此时这只电阻所消耗的电功率为______。

6. 万用表是一种__________、__________、便携式仪表。指针式万用表主要由__________、__________、__________和外壳等部分组成，表头选用高灵敏度的电流表。

7. 兆欧表是一种专门检查电动机、电器及线路的________情况和测量________电阻的便携式仪表。它的结构主要由一台小容量高电压输出的手摇__________、一只磁电式__________、三个接线端（柱）组成。

二、简答题

1. 简述用万用表测量电阻的方法。

2. 电阻的串联电路和并联电路各有什么特点？

3. 兆欧表在使用前要做哪些准备工作？

三、计算题

1．假设有一个微安表，表头电阻 R_g=1kΩ，满偏电流 I_g=100μA，要把它改装成量程是 50V 的电压表，应该串联多大的电阻？

2．图 1-2-2(a)中，R_1=10Ω、R_2=20Ω，I=300mA。求：（1）图 1-2-2(a)电路中 I_1、I_2、U；（2）图 1-2-2(b)电路中等效电阻 R。

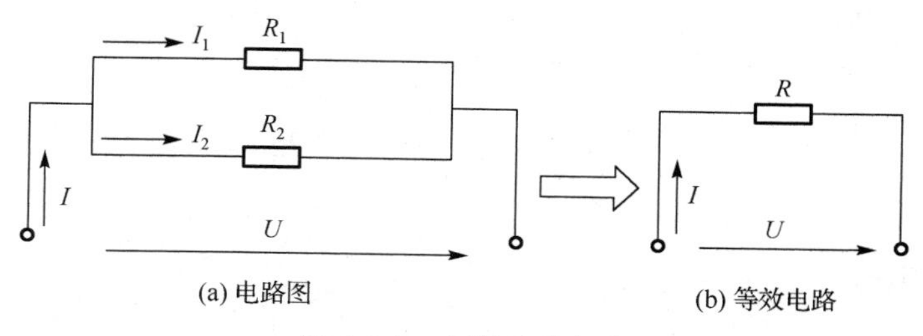

图 1-2-2　电阻并联电路

3．图 1-2-3 所示电路中，求出 A、B 两点间的等效电阻。

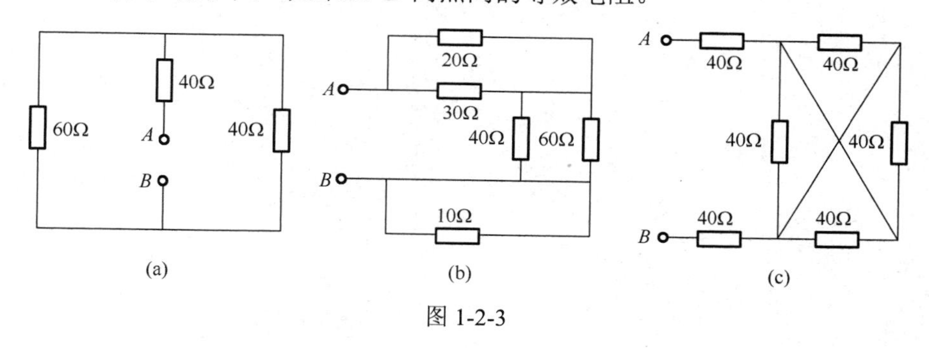

图 1-2-3

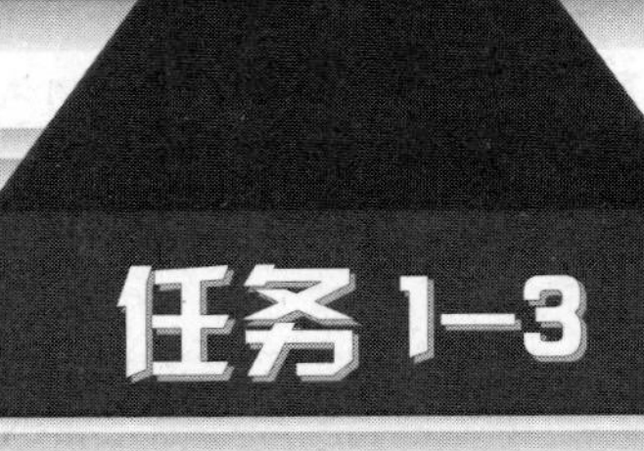

基尔霍夫定律的探究

班级：__________ 姓名：__________ 学号：__________ 同组者：__________

工作时间：第______周 星期______第______节（_____年_____月_____日）

【任务单】

根据如图 1-3-1 所示的直流电路，请你完成以下工作任务。

（1）电路的连接

用专用导线将电路中 *X*1-*X*2、*X*3-*X*4、*X*5-*X*6 两点间连接，将开关 S_1、S_2 分别打向上（右），分别接通电源 U_1、U_2。

（2）电路的测试

① 探究基尔霍夫电流定律（KCL）的测试；

② 探究基尔霍夫电压定律（KVL）的测试。

③ 实验数据分析

根据实验数据，分析电路节点中各支路电流的关系，以及闭合回路中各段电压之间的关系。

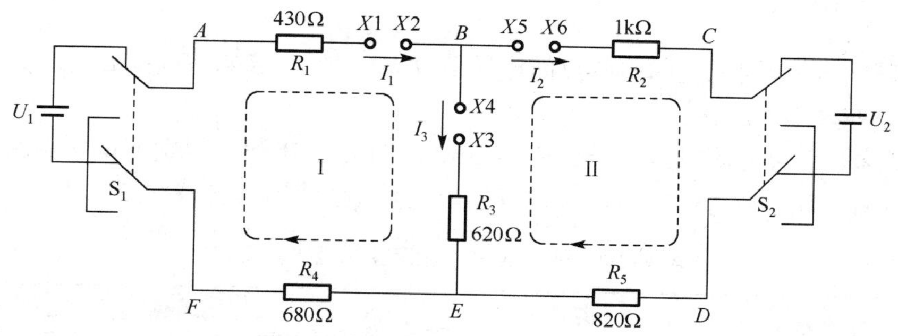

图 1-3-1　探究基尔霍夫定律直流电路

【工作准备】

1. 电工仪表

根据任务单下达的工作任务，备齐仪表。主要仪表是：__________、__________、__________。

2. 器材准备

DS-IC 型电工实验台、直流电源模块、直流电路单元（DS-C-28）、专用导线若干。

3. 质量检测

用万用表电阻挡检测直流电路单元电路元件的连接情况。

【任务实施】

1. 电路连接

① 将已选择好的电路模块（元器件）放置于合理位置。

② 根据电路原理图，用专用导线连接电路。将开关 S_1、S_2 分别打向上（右），分别接通直流电源 U_1、U_2。

2. 电路测量

（1）探究基尔霍夫电流定律的测试

① 选取直流电源电压 U_1=10V，U_2=20V。

② 取下 $X1$-$X2$ 两点间连接导线，万用表选择合适量程后，将红、黑表笔分别插入 $X1$、$X2$ 两孔之中，测量图中 I_1 电流值。

③ 按步骤②，分别测量 I_2、I_3 的电流值，将测量数据记录在表 1-3-1 中。

④ 重新选取直流电源电压 U_1=16V，U_2=8V。按以上步骤，分别测量 I_1、I_2、I_3 的电流值，并将测量数据记录在表 1-3-1 中。

（2）探究基尔霍夫电压定律的测试

① 选取直流电源电压 U_1=10V，U_2=20V。

② 选择万用表的合适量程，将红、黑表笔分别插入 A、B 两孔之中，测量图中 AB 之间电压值 U_{AB}。

③ 按步骤②，分别测量图中两点间电压值 U_{BE}、U_{EF}、U_{FA}、U_{BC}、U_{CD}、U_{DE}、U_{EB}，将测量数据记录在表 1-3-2 中。

④ 重新选取直流电源电压 U_1=16V，U_2=8V。按以上步骤，分别测量图中两点间电压值 U_{AB}、U_{BE}、U_{EF}、U_{FA}、U_{BC}、U_{CD}、U_{DE}、U_{EB}，将测量数据记录在表 1-3-2 中。

表 1-3-1　基尔霍夫电流定律探究实验数据

序号	U_1/V U_2/V	I_1/mA	I_2/mA	I_3/mA	计算 ΣI /mA
1					
2					

注：$\Sigma I=I_1-I_2-I_3$

表 1-3-2　基尔霍夫电压定律探究实验数据

序号	U_1/V U_2/V	U_{AB}	U_{BE}	U_{EF}	U_{FA}	U_{BC}	U_{CD}	U_{DE}	U_{EB}	计算 ΣU_{I}	计算 ΣU_{II}
1											
2											

注：$\Sigma U_{\text{I}}=U_{AB}+U_{BE}+U_{EF}+U_{FA}$；$\Sigma U_{\text{II}}= U_{BC}+U_{CD}+U_{DE}+U_{EB}$

3. 实验数据分析与结论

① 表 1-3-1 数据表明，连接在同一节点上的各支路电流代数和__________。

② 表 1-3-2 数据表明，闭合电路中各段电压之间的代数和__________。

注：实验结束后，请你整理实验台，清点实验器材。

【任务评价】

请你填写基尔霍夫定律的探究工作任务评价表 1-3-1。

表 1-3-3　基尔霍夫定律的探究工作任务评价表

序号	评价内容	配分	评价细则	学生评价	教师评价
1	选用工具、仪表及器件	10	（1）工具、仪表少选或错选，扣 2 分/个 （2）电路单元模块选错型号和规格，扣 2 分/个 （3）单元模块放置位置不合理，扣 1 分/个		
2	器件检查	10	（4）电器元件漏检或错检，扣 2 分/处		
3	仪表的使用	10	（5）仪表基本会使用，但操作不规范，扣 1 分/次 （6）仪表使用不熟悉，但经过提示能正确使用，扣 2 分/次 （7）检测过程中损坏仪表，扣 10 分		
4	电路连接	20	（8）连接导线少接或错接，扣 2 分/条 （9）电路接点连接不牢固或松动，扣 1 分/个 （10）连接导线垂放不合理，存在安全隐患，扣 2 分/条 （11）不按电路图连接导线，扣 10 分		
5	电路参数测量	20	（12）电路参数少测或错测，扣 2 分/个 （13）不按步骤进行测量，扣 1 分/个 （14）测量方法错误，扣 2 分/次		
6	数据记录与分析	20	（15）不按步骤记录数据，扣 2 分/次 （16）记录表数据不完整或错记录，扣 2 分/个 （17）测量数据分析不完整，扣 5 分/处 （18）测量数据分析不正确，扣 10 分/处		
7	安全文明操作	10	（19）未经教师允许，擅自通电，扣 5 分/次 （20）未断开电源总开关，直接连接、更改或拆除电路，扣 5 分 （21）实验结束未及时整理器材，清洁实验台及场所，扣 2 分 （22）测量过程中发生实验台电源总开关跳闸现象，扣 10 分 （23）操作不当，出现触电事故，扣 10 分，并立即予以终止作业		
合计		100			

【思考与练习】

一、填空题

1．一个具有 m 条支路，n 个节点（$m>n$）的复杂电路，应用基尔霍夫电流定律只能列出________个独立电流方程式，应用基尔霍夫电压定律能列出______________个独立电压方程式。

2．基尔霍夫电流定律的内容是：在任一瞬时，通过电路任一节点的________________________，其数学表达式为___________。

3．基尔霍夫电压定律的内容是：在任一瞬时，沿任一回路绕行一周，回路中__________________________，其数学表达式为___________。

4．支路电流法是以__________为未知数，应用______________列出方程式，联方程组求解支路电流的一种解题方法。

5．_______和_______可以应用叠加原理，而______不能用叠加原理求解。（填电压、电流、功率）

二、简答题

1．简述用万用表测量电流和电压的方法。

2．用数字式万用表测量某支路电流的数值为–2.30（单位：mA），负号说明什么问题？若用指针式万用表，应该怎样测量？

三、计算题

1．如图 1-3-2 所示为复杂电路的一部分，已知 E_1=12V，E_2=6V，R_1=2Ω，R_2=5Ω，R_3=3Ω，I_1=2A，I_2=1A。求：（1）R_3 支路电流 I_3；（2）I_A、I_B、I_C，并说明它们之间的关系。

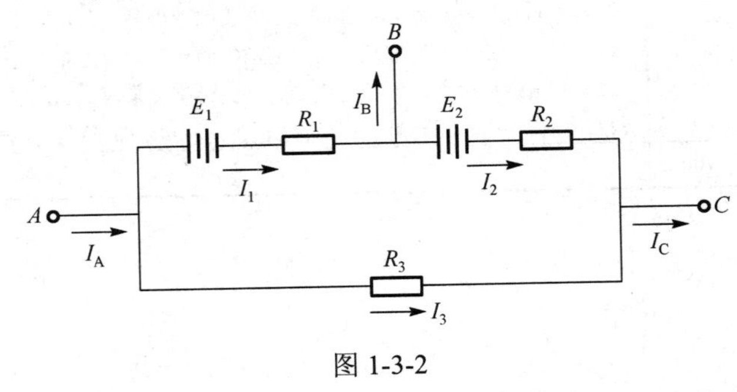

图 1-3-2

2．如图 1-3-3 所示，已知 E_1=12V，E_2=6V，R_1=R_2=2Ω，R_3=8Ω，求电路在以下 3 种情况下电阻 R_3 支路的电流 I_3。（1）仅开关 S_1 闭合；（2）仅开关 S_2 闭合；（3）开关 S_1、S_2 均闭合。

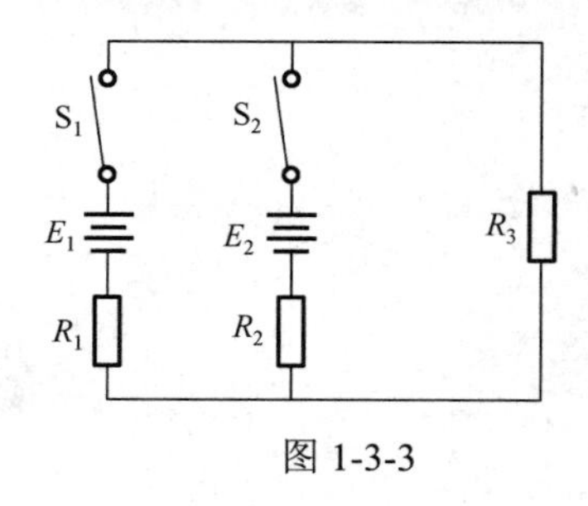

图 1-3-3

3．如图 1-3-4 所示电路中，已知电源电动势 E_1=48V，E_2=8V，电源内阻均不计，电阻 R_1=12Ω，R_2=4Ω，R_3=6Ω。用叠加原理求各支路电流，并回答：

（1）电阻 R_3 两端的电压是多少？极性如何？

（2）电源电动势 E_1、E_2 是电源还是负载？

（3）验证电路功率平衡关系。

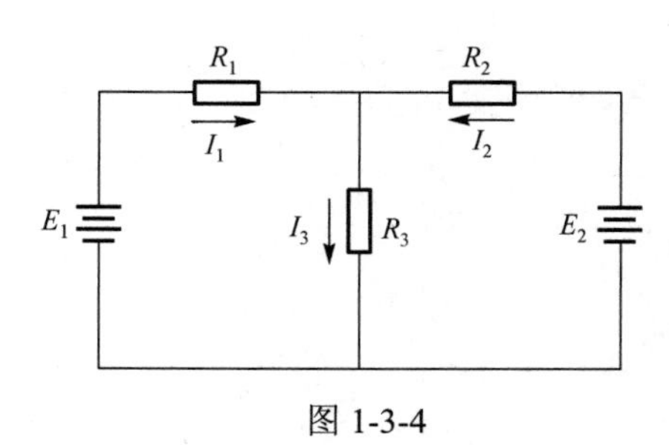

图 1-3-4

戴维南定理的探究

班级：＿＿＿＿＿ 姓名：＿＿＿＿＿ 学号：＿＿＿＿＿ 同组者：＿＿＿＿＿

工作时间：第＿＿＿周 星期＿＿＿第＿＿＿节（＿＿＿年＿＿＿月＿＿＿日）

【任务单】

根据如图 1-4-1 所示的直流电路，请你完成以下工作任务。

（1）电路的连接

用专用导线将电路中 $X1$-$X2$、$X3$-$X4$、$X5$-$X6$ 两点间连接，将开关 S_1 打向上（右）接通电源 U_1，开关 S_2 打向上（右）接通负载电阻 R_L。

（2）电路的测试

① 探究线性有源二端网络的伏安特性的测试；

② 探究戴维南定理的测试。

（3）实验数据分析

根据实验数据，分析线性有源二端网络的伏安特性具有什么特点？验证戴维南定理的内容：任何一个线性有源二端网络都可以用一个电动势为 E 的理想电压源和内阻 R_0 串联的电源来等效代替。

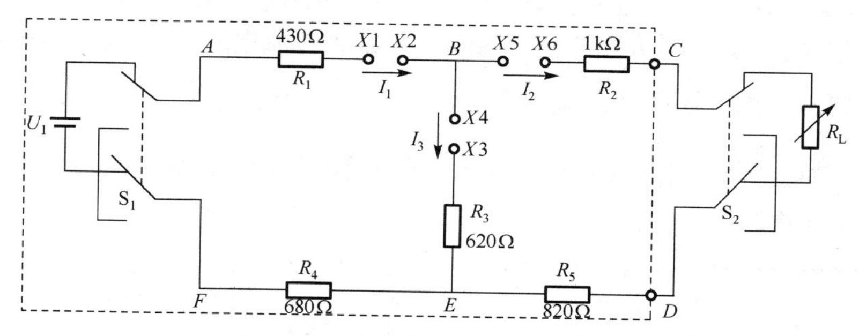

图 1-4-1　探究戴维南定理直流电路

【工作准备】

1. 电工仪表

根据任务单下达的工作任务，备齐仪表。主要仪表是：__________、__________、__________。

2. 器材准备

DS-IC 型电工实验台、直流电源模块、直流电路单元（DS-C-28）、动态电路单元（DS-27DN）、配件单元（DS-33）、专用导线若干。

3. 质量检测

检测直流电源模块输出电压是否正常；用万用表电阻挡检测直流电路单元电路元件的连接情况，以及其他模块。

【任务实施】

1. 电路连接

① 将已选择好的电路模块（元器件）放置于合理位置。

② 根据电路原理图，用专用导线连接电路图中 $X1$-$X2$、$X3$-$X4$、$X5$-$X6$。

2．电路测量

（1）探究有源二端网络伏安特性的测试

① 连接电路中 A、F 与直流电源 U_1，连接电路中 C、D 与负载 R_L。

② 打开实验台电源总开关，打开直流电源 U_1 船形开关，选取直流电源 U_1=20V。

③ 选择负载 R_L 的电阻值，分别取 620Ω、1.3kΩ、2.6kΩ，将开关 S_2 打向上（右）接通负载 R_L。

④ 将开关 S_1 打向上（右）接通直流电源 U_1，测试图中电流 I_2 和 C、D 两端的电压 U_{CD}。将测量数据记录在表 1-4-1 中。

⑤ 断开负载 R_L，测试电路中 C、D 两点的开路电压 U_{OC}；将开关 S_2 打向下（左），将 C、D 两点短接（R_L=0），测试短路电流 I_{SC}。将测量数据记录在表 1-4-1 中。

（2）探究戴维南定理的测试

① 根据如图 1-4-2(b)所示电路，用专用导线连接电路。

② 确定等效电压源的电动势 E 及其内阻 R_0：E 为直流电源 U_2，大小调整为 U_{OC}；R_0 为配件单元模块电阻，大小取计算值 $R_0=\dfrac{U_{OC}}{I_{SC}}$。

③ 接通等效电源与负载，测量在短路、有载、开路情况下的输出电压和输出电流。将测量数据记录在表 1-4-2 中。

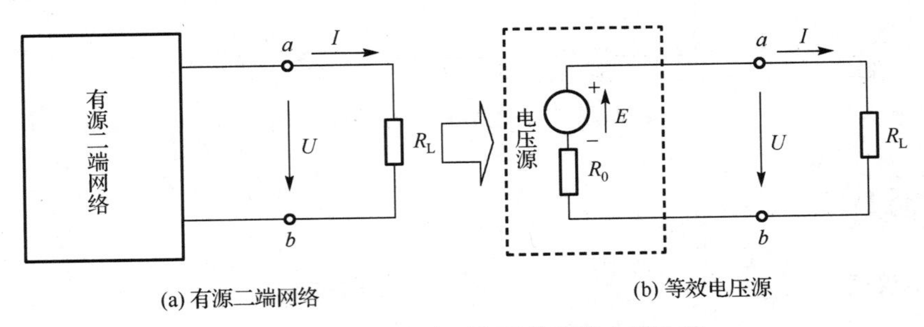

图 1-4-2　有源二端网络及其等效电源电路

注：实验结束后，请你整理实验台，清点实验器材。

表 1-4-1　有源两端网络探究实验数据　　U_1=<u>20</u> V

R_L/Ω	短路	620	1.3k	2.6k	开路
I/mA					
U/V					

表 1-4-2　戴维南定理探究实验数据　　E=________V　R_0=________Ω

R_L/Ω	短路	620	1.3k	2.6k	开路
I/mA					
U/V					

3．实验数据分析与结论

（1）表 1-4-1 数据表明，有源两端网络输出电压将随负载增加而__________。

（2）表 1-4-2 数据表明，有源两端网络可以等效为一个__________。

【任务评价】

请你填写戴维南定理工作任务评价表（表 1-4-3）。

表 1-4-3　戴维南定理工作任务评价表

序号	评价内容	配分	评价细则	学生评价	教师评价
1	选用工具、仪表及器件	10	（1）工具、仪表少选或错选，扣 2 分/个 （2）电路单元模块选错型号和规格，扣 2 分/个 （3）单元模块放置位置不合理，扣 1 分/个		
2	器件检查	10	（4）电器元件漏检或错检，扣 2 分/处		
3	仪表的使用	10	（5）仪表基本会使用，但操作不规范，扣 1 分/次 （6）仪表使用不熟悉，但经过提示能正确使用，扣 2 分/次 （7）检测过程中损坏仪表，扣 10 分		
4	电路连接	20	（8）连接导线少接或错接，扣 2 分/条 （9）电路接点连接不牢固或松动，扣 1 分/个 （10）连接导线垂放不合理，存在安全隐患，扣 2 分/条 （11）不按电路图连接导线，扣 10 分		
5	电路参数测量	20	（12）电路参数少测或错测，扣 2 分/个 （13）不按步骤进行测量，扣 1 分/个 （14）测量方法错误，扣 2 分/次		
6	数据记录与分析	20	（15）不按步骤记录数据，扣 2 分/次 （16）记录表数据不完整或错记录，扣 2 分/个 （17）测量数据分析不完整，扣 5 分/处 （18）测量数据分析不正确，扣 10 分/处		
7	安全文明操作	10	（19）未经教师允许，擅自通电，扣 5 分/次 （20）未断开电源总开关，直接连接、更改或拆除电路，扣 5 分 （21）实验结束未及时整理器材，清洁实验台及场所，扣 2 分 （22）测量过程中发生实验台电源总开关跳闸现象，扣 10 分 （23）操作不当，出现触电事故，扣 10 分，并立即予以终止作业		
合计		100			

【思考与练习】

一、填空题

1．戴维南定理的内容：任何一个有源二端线性网络都可以用一个__________和一个__________的电压源来等效变换。这个等效电压源的电动势就是____________________，等效电压源的内阻等于__________________。

2．某一线线性网络，其二端开路时，两端电压为 9V；其二端短路时，电流为 3A。若在该网络两端接上 6Ω 电阻时，通过该电阻的电流为____A。

二、简答题

1．用戴维南定理解题的一般步骤是什么？

2．等效电压源的内阻除了用开路电压和短路电流来计算外，还有其他的测量方法吗？

三、计算题

1．在图 1-4-3 所示电路中，已知 E_1=140V，E_2=90V，R_1=20Ω，R_2=5Ω，R_L=96Ω（最大值）。计算：（1）P 点在电阻 R_L 的上端和下端时的电流 I 和电压 U；（2）当 R_L=?时，电阻 R_L 获得最大消耗功率，最大消耗功率是多少？（3）当 R_L=？时，电动势 E_2 为反电动势。

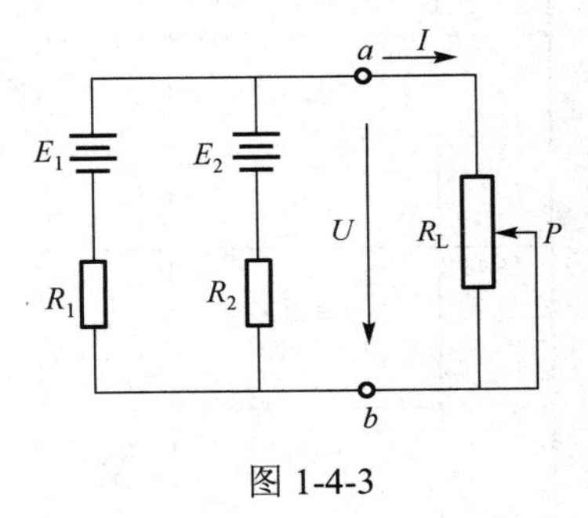

图 1-4-3

2．在图 1-4-4 所示电路中，求：（1）用戴维南定理求解图中 2Ω 电阻通过的电流 I；（2）恒流源两端的电压；（3）恒压源通过的电流。

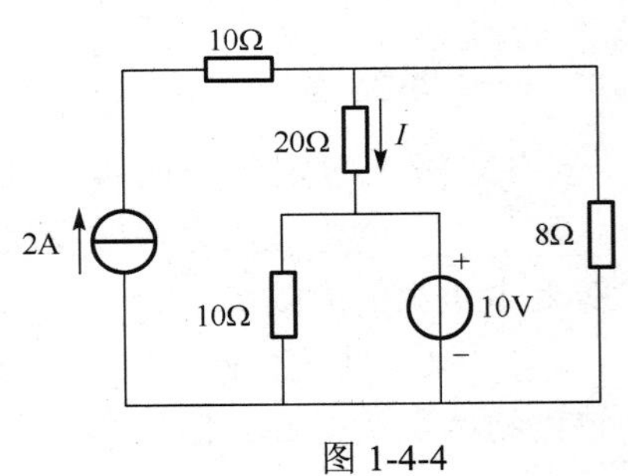

图 1-4-4

3．在探究有源二端网络的伏安特性的测试中，仅保留两组测量数据：（1）负载电阻 R_L=620Ω 时，U=1.5V，I=2.5mA；（2）R_L=1.3kΩ 时，U=2.4V，I=2.0mA。根据此数据，估算该有源二端网络的等效电动势 E 及内阻 R_0。

※4．在图 1-4-5 所示电路中，用支路电流法计算图中 I_1。并回答：图中电路含有什么类型的电源？

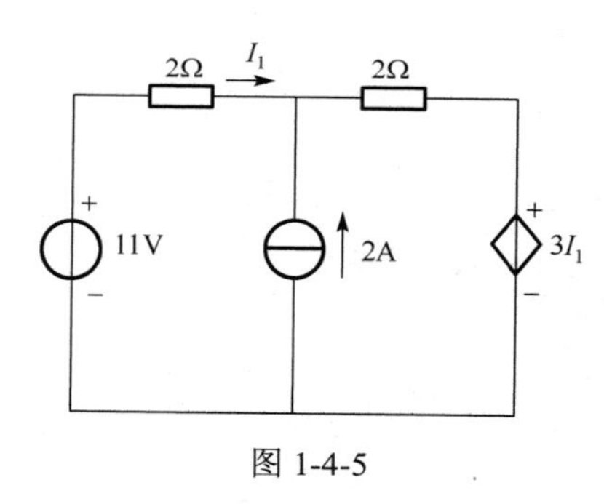

图 1-4-5

电位的测量

班级：__________ 姓名：__________ 学号：__________ 同组者：__________
工作时间：第______周 星期______第______节（_____年_____月_____日）

【任务单】

根据如图 1-5-1 所示的直流电路，请你完成以下工作任务。

（1）电路的连接

用专用导线将电路中 $X1$-$X2$、$X3$-$X4$、$X5$-$X6$ 两点间连接，将开关 S_1、S_2 分别打向上（右），分别接通直流电源 U_1、直流电源 U_2。

（2）电路的测试

① 电路以 E 点为参考点，测试电路中各点的电位；

② 电路以 B 点为参考点，测试电路中各点的电位。

③ 实验数据分析

根据实验数据，分析电路中某一点的电位与参考点有什么关系？当电路参考点不同时，电路中各点的电位及电路中两点间的电压发生什么变化？

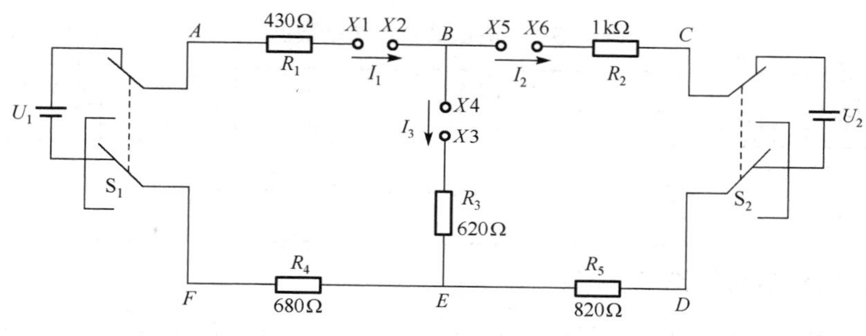

图 1-5-1　电位的测量

【工作准备】

1. 电工仪表

根据任务单下达的工作任务，备齐仪表。主要仪表是：__________、__________、__________。

2. 器材准备

DS-IC 型电工实验台、直流电源模块、直流电路单元（DS-C-28）、专用导线若干。

3. 质量检测

用万用表电阻挡检测直流电路单元电路元件的连接情况。

【任务实施】

1. 电路连接

（1）将已选择好的电路模块（元器件）放置于合理位置。

（2）根据电路原理图，用专用导线连接电路图中 $X1$-$X2$、$X3$-$X4$、$X5$-$X6$。

2. 电路测量

选取直流电源 U_1=9V，U_2=16V。

（1）电路以图中 E 点为参考点，测量电路中各点电位。

① 接通直流电源 U_1、U_2。

② 数字式万用表选择合适电压量程挡，并将黑表笔固定在参考点 E 上，红表笔分别与电路中 A、B、C 点接通，测量各点的电位，将测量数据记录在表 1-5-1 中。

③ 计算电阻 R_1、R_2、R_3 两端电压，将计算结果记录在表 1-5-1 中。

（2）电路以图中 B 点为参考点，测量电路中各点电位及电阻电压。

① 保持直流电源 U_1、U_2 的电压值不变。

② 将万用表黑表笔固定在参考点 B 上，红表笔分别与电路中 A、C、E 点接通，测量各点的电位，将测量数据记录在表 1-5-1 中。

③ 计算电阻 R_1、R_2、R_3 两端电压，将计算结果记录在表 1-5-1 中。

表 1-5-1　电位的测量实验数据　　U_1= 9 V　U_2= 16 V

序号	参考点	电位的测量				电压的计算		
		V_A	V_B	V_C	V_E	U_{AB}	U_{BC}	U_{BE}
1	E							
2	B							

3. 实验数据分析与结论

（1）电路中某一点的电位等于该点与____________之间的电压；

（2）参考点的选择不同，电路中各点的电位____________，而电路中任意两点间的电压值____________。

注：实验结束后，请你整理实验台，清点实验器材。

【任务评价】

请你填写电位的测量工作任务评价表（表 1-5-2）。

表 1-5-2　电位的测量工作任务评价表

序号	评价内容	配分	评价细则	学生评价	教师评价
1	选用工具、仪表及器件	10	（1）工具、仪表少选或错选，扣 2 分/个 （2）电路单元模块选错型号和规格，扣 2 分/个 （3）单元模块放置位置不合理，扣 1 分/个		
2	器件检查	10	（4）电器元件漏检或错检，扣 2 分/处		
3	仪表的使用	10	（5）仪表基本会使用，但操作不规范，扣 1 分/次 （6）仪表使用不熟悉，但经过提示能正确使用，扣 2 分/次 （7）检测过程中损坏仪表，扣 10 分		
4	电路连接	20	（8）连接导线少接或错接，扣 2 分/条 （9）电路接点连接不牢固或松动，扣 1 分/个 （10）连接导线垂放不合理，存在安全隐患，扣 2 分/条 （11）不按电路图连接导线，扣 10 分		

续表

序号	评价内容	配分	评价细则	学生评价	教师评价
5	电路参数测量	20	（12）电路参数少测或错测，扣 2 分/个 （13）不按步骤进行测量，扣 1 分/个 （14）测量方法错误，扣 2 分/次		
6	数据记录与分析	20	（15）不按步骤记录数据，扣 2 分/次 （16）记录表数据不完整或错记录，扣 2 分/个 （17）测量数据分析不完整，扣 5 分/处 （18）测量数据分析不正确，扣 10 分/处		
7	安全文明操作	10	（19）未经教师允许，擅自通电，扣 5 分/次 （20）未断开电源总开关，直接连接、更改或拆除电路，扣 5 分 （21）实验结束未及时整理器材，清洁实验台及场所，扣 2 分 （22）测量过程中发生实验台电源总开关跳闸现象，扣 10 分 （23）操作不当，出现触电事故，扣 10 分，并立即予以终止作业		
合计		100			

【思考与练习】

一、填空题

1. 用数字式万用表测量电路中的电位时，将万用表的____表笔接电路参考点，____表笔接待测量点。当读数为正值时，待测点的电位比参考点电位____；当读数为负值时，待测点的电位比参考点电位____。（填红、黑，高、低）

2. 当电路的参考点确定后，电路中各个点的电位也被______；当参考点改变后，电路中的电位也跟着______，但电路中任意两点之间的电压__________。

3. 电路如图 1-5-2 所示，当 P 点往左移动时，图中 A 点的电位 V_A______，B 点电位 V_B______；当 P 点往右移时，则 V_A______，V_B______。（填上升、下降）

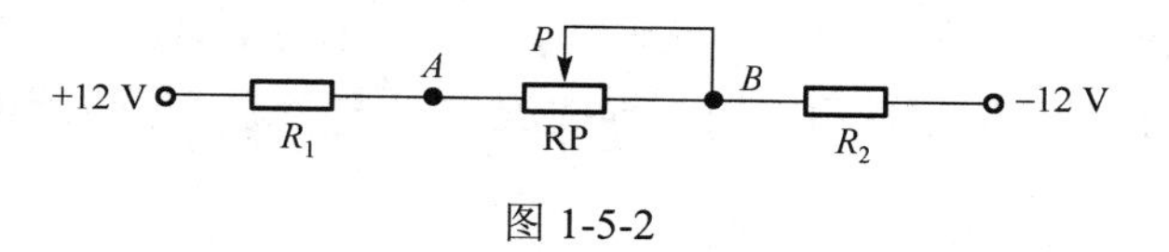

图 1-5-2

4. 如图 1-5-3 所示为二极管门电路，已知二极管的导通电压为 0.7V。回答：

（1）当 V_A=3V，V_B=3V 时，V_C=______V；当 V_A=3V，V_B=0V 时，V_C=______V。

（2）当 V_D=3V，V_E=0V 时，V_F=______V；当 V_D=0V，V_E=0V 时，V_F=______V。

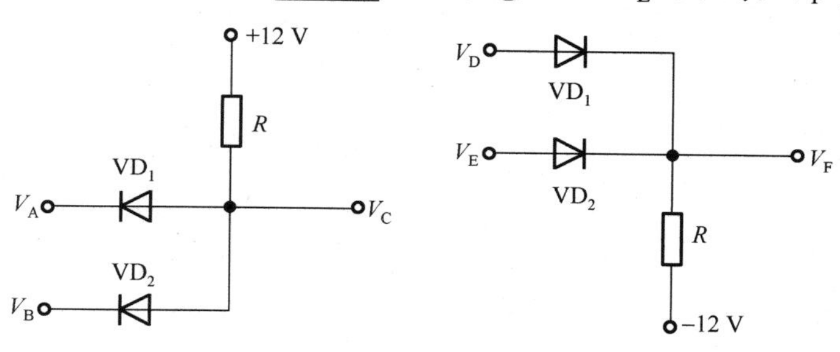

图 1-5-3

二、简答题

1．怎样用节点电压法计算电路中电流或电压？

2．使用数字式或指针式万用表怎样测量电路的电位？

三、计算题

1．在图 1-5-4 所示电路中，在开关 S 断开和闭合的两种情况下试求 A、B、C 点的电位 V_A、V_B、V_C。

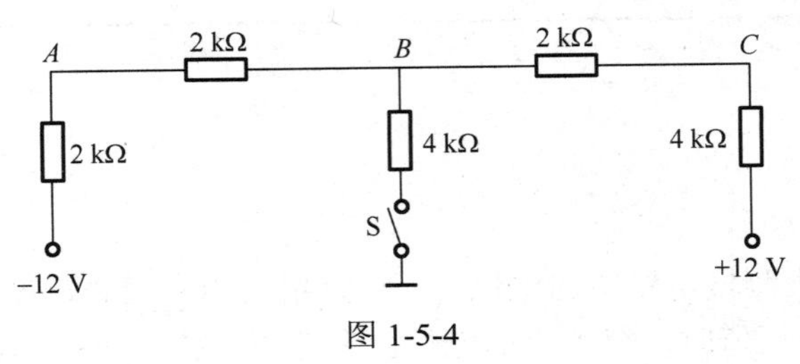

图 1-5-4

2．图 1-5-5 所示电路，已知 E_1=20V，E_2=12V，R_1=2Ω，R_2=4Ω，R_3=R_4=8Ω。求：（1）电路中 a、b 点的电位；（2）若将 a、b 两点用一导线连接起来，通过导线的电流及 a、b 点的电位是多少？

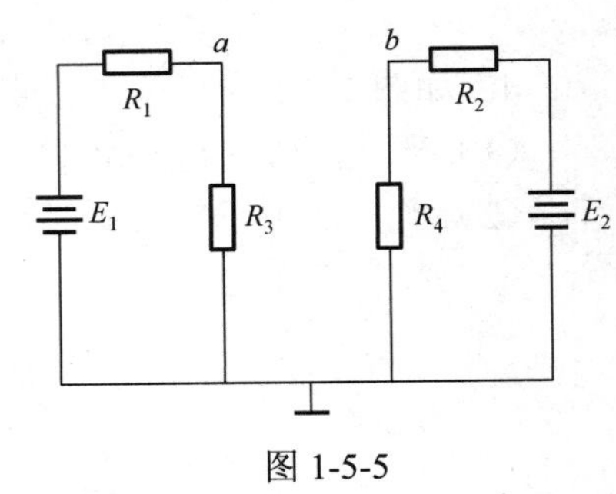

图 1-5-5

3．图 1-5-6 所示电路，已知 E_1=12V，E_2=6V，E_3=6V，R_1=R_2=2Ω，R_3=R_4=4Ω。求（1）通过 E_3 电流；（2）电路中 a、b 点的电位。

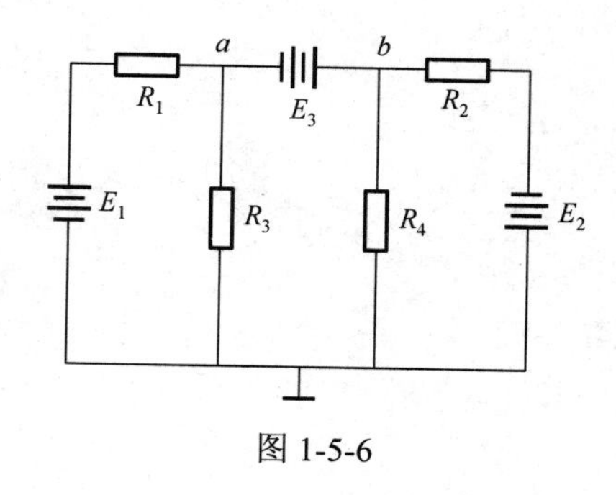

图 1-5-6

单一元件交流电路的探究

班级：__________ 姓名：__________ 学号：__________ 同组者：__________

工作时间：第______周 星期______第______节（_____年_____月_____日）

采用电路仿真软件 EWB 探究纯电阻、纯电感、纯电容等单一元件的交流电路特性，实验电路如图 2-1-1 所示。请你完成以下工作任务。

（1）电路搭建与 EWB 电路仿真

用 EWB 分别搭建纯电阻、纯电感、纯电容的交流电路，电路如图 2-1-1(a)、(b)、(c)所示，探究：

① 纯电阻电路中电流与电压之间的关系。

② 纯电感电路中，电流与电压之间的关系，感抗与电感、频率之间的关系。

③ 纯电容电路中，电流与电压之间的关系，容抗与电容、频率之间的关系。

（2）仿真实验数据分析

根据仿真实验数据，分析单一元件交流电路的特性。

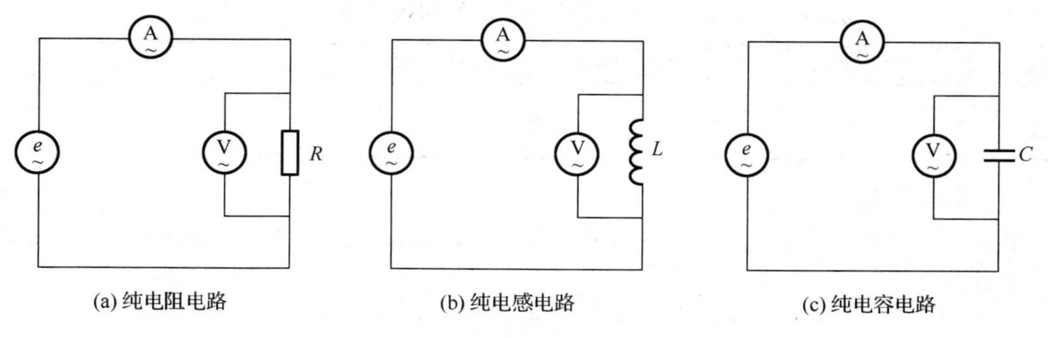

(a) 纯电阻电路　　(b) 纯电感电路　　(c) 纯电容电路

图 2-1-1　单一元件交流电路的探究

【工作准备】

1. 电工仪表

根据任务单下达的工作任务，备齐仪表。主要仪表是：__________、__________、__________。

2. 器材准备

电脑、EWB 仿真软件、电阻元件、电感元件、电容元件。

【任务实施】

1. 纯电阻交流电路的实验探究

（1）实验电路的搭建

根据图 2-1-1(a)所示纯电阻电路图搭建 EWB 仿真实验电路，如图 2-1-2 所示。

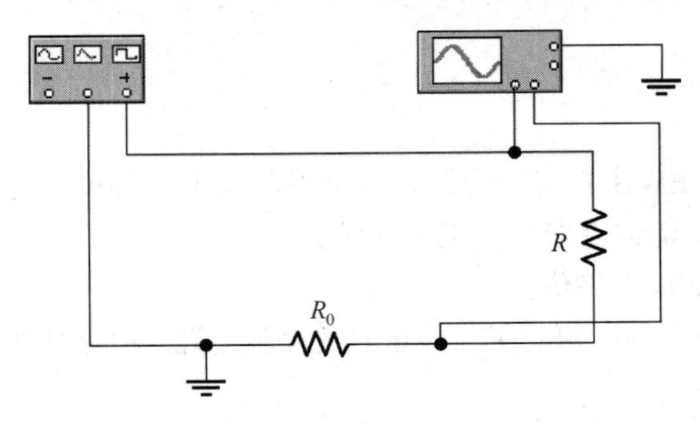

图 2-1-2　纯电阻交流电路的 EWB 电路

（2）参数设置

函数发生器选择正弦波信号，其频率、电压幅值，以及电阻元件等参数按表 2-1-1 中的数据设置。

表 2-1-1　纯电阻交流电路的探究实验数据记录表　　R_0=1kΩ

序号	电压幅值 U_m/V	频率 f/Hz	电阻 R/ kΩ	仿真结论
1	50	50	20	
2	50	100	20	

（3）电路仿真

单击“启动/停止”开关，激活电路进行测试。请你将双踪示波器的输出信号的波形绘制出来（图 2-1-3）。

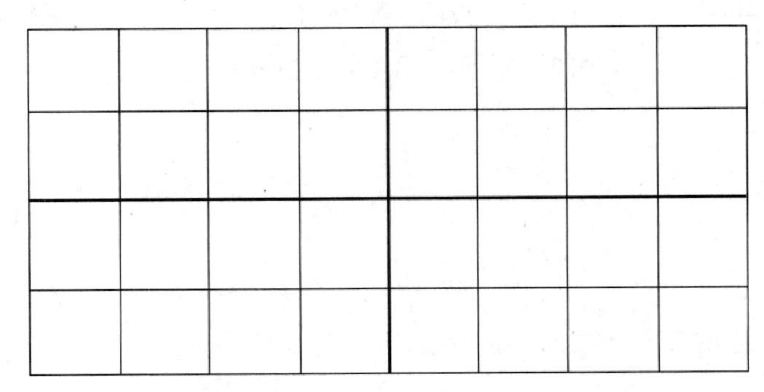

图 2-1-3　纯电阻交流电路的电流与电压波形图

重新设置参数后，再次单击“启动/停止”开关，观察示波器所显示的波形是否会变化？你所观察到的现象是：________________________________。

（4）实验数据分析与结论

根据你所观察到的波形图，请将实验结论填写在表 2-1-1 中。

2．纯电感交流电路的实验探究

（1）实验电路的搭建

根据图 2-1-1(b)所示纯电感电路图搭建 EWB 仿真实验电路，如图 2-1-4 所示。

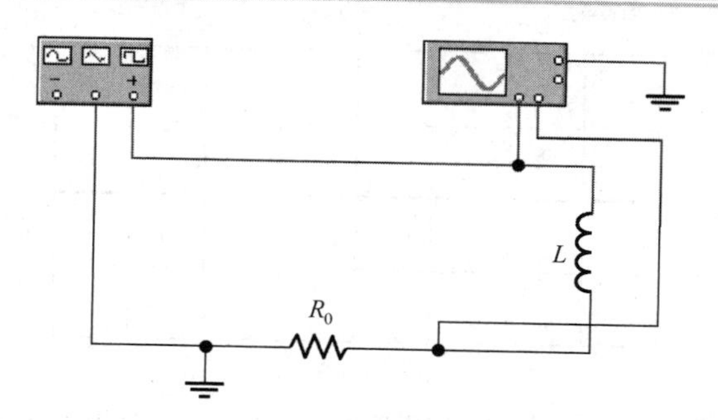

图 2-1-4　纯电感交流电路的 EWB 电路

（2）参数设置

函数发生器选择正弦波信号，其频率、电压幅值，以及电感元件等参数按表 2-1-2 中的数据设置。

表 2-1-2　纯电感交流电路的探究实验数据记录表　　R_0=1kΩ

序号	电压幅值 U_m/V	频率 f/Hz	电感 L/ H	仿真结论
1	50	50	65	
2	50	50	130	
3	50	50	65	
4	50	100	65	

（3）电路仿真

单击“启动/停止”开关，激活电路进行测试。请你将双踪示波器的输出信号的波形绘制出来（图 2-1-5）。

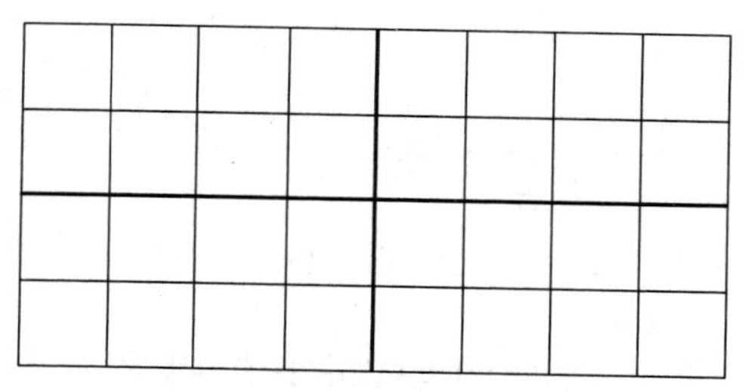

(a) 50Hz/65H

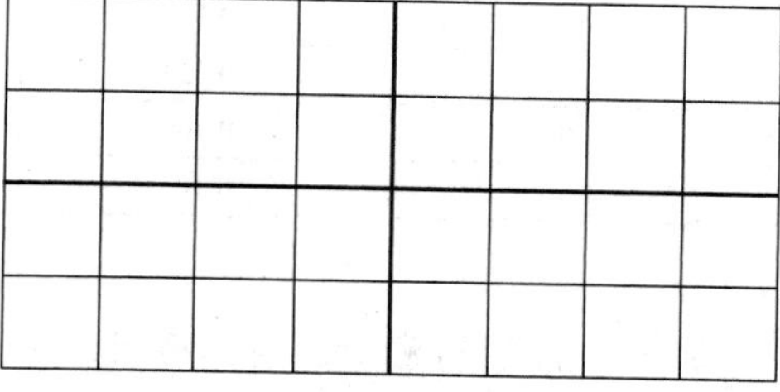

(b) 50Hz/130H

图 2-1-5　纯电感交流电路的电流与电压波形图

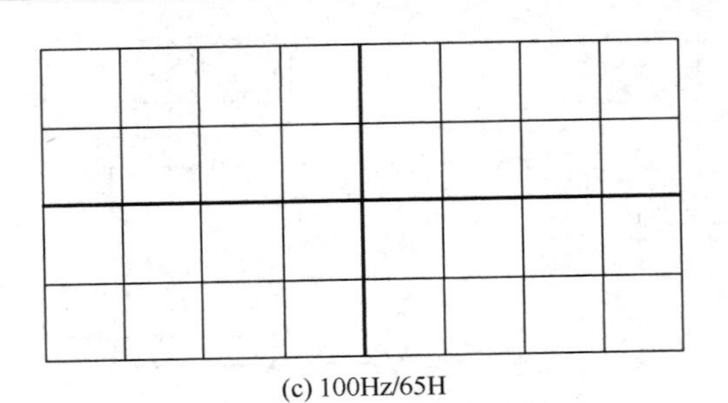

(c) 100Hz/65H

图 2-1-5　纯电感交流电路的电流与电压波形图（续）

重新设置参数后，再次单击“启动/停止”开关，观察示波器所显示的波形是否会变化？你所观察到的现象是：____。

（4）实验数据分析与结论

根据你所观察到的波形图，将实验结论填写在表 2-1-2 中。

3. 纯电容交流电路的实验探究

（1）实验电路的搭建

根据图 2-1-1(c)所示纯电容电路图搭建 EWB 仿真实验电路，如图 2-1-6 所示。

（2）参数设置

函数发生器选择正弦波信号，其频率、电压幅值，以及电容元件等参数按表 2-1-3 中的数据设置。

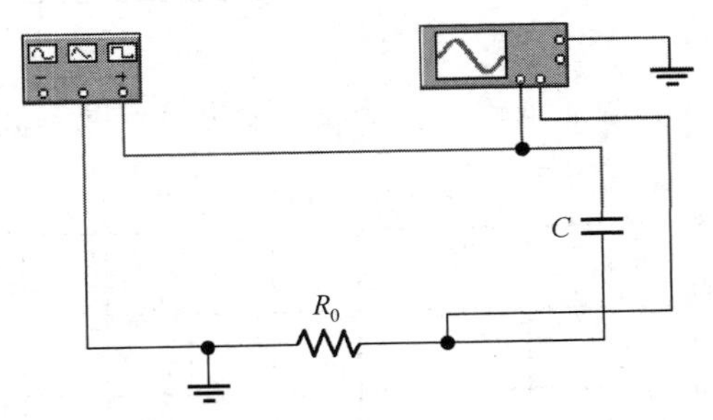

图 2-1-6　纯电容交流电路的 EWB 电路

表 2-1-3　纯电容交流电路的探究实验数据记录表　　R_0=1kΩ

序号	电压幅值 U_m/V	频率 f/Hz	电容 C/μF	仿真结论
1	50	50	0.16	
2	50	50	0.32	
3	50	50	0.16	
4	50	100	0.16	

（3）电路仿真

单击“启动/停止”开关，激活电路进行测试。请你将双踪示波器的输出信号的波形绘制出来（图 2-1-7）。

重新设置参数后，再次单击“启动/停止”开关，观察示波器所显示的波形是否会变化？你所观察到的现象是：____。

（4）实验数据分析与结论

根据你所观察到的波形图，请将实验结论填写在表 2-1-3 中。

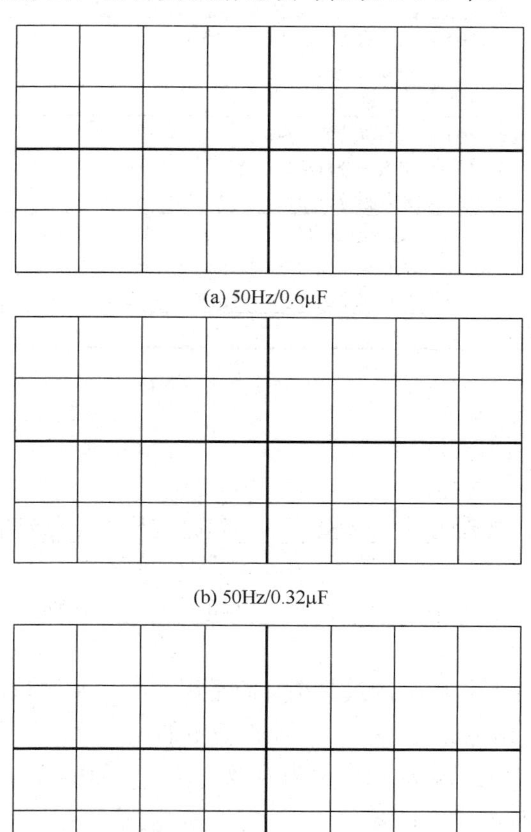

(a) 50Hz/0.6μF

(b) 50Hz/0.32μF

(c) 100Hz/0.16μF

图 2-1-7 纯电感交流电路的电流与电压波形图

【任务评价】

请你填写单一元件交流电路的探究工作任务评价表（表 2-1-4）。

表 2-1-4 单一元件交流电路的探究工作任务评价表

序号	评价内容	配分	评价细则	学生评价	教师评价
1	电工仪表与器材	5	（1）仪器、仪表少选或错选，扣 1 分/个 （2）元器件少选或错选，扣 1 分/个 （3）仪器、仪表属性设置不正确，扣 1 分/个 （4）元器件参数设置不正确，扣 1 分/个		
2	仿真软件的使用	10	（5）仿真软件不会使用者，扣 10 分 （6）经提示后会使用仿真软件者，扣 2 分/次		
3	电路搭接	15	（7）不按原理图连接导线，扣 5 分/处 （8）连接线少接或错接，扣 2 分/条 （9）连接线不规范、不美观，扣 1 分/条		

续表

序号	评价内容	配分	评价细则	学生评价	教师评价
4	电路参数测量	30	（10）不能一次仿真成功者，扣 5 分 （11）电路参数少测或错测，扣 2 分/个 （12）测量方法错误，扣 2 分/次		
5	数据记录与分析	30	（13）仿真数据或波形图记录不完整或错误，扣 2 分/个 （14）测量数据分析结论不完整，扣 5 分/处 （15）测量数据分析结论不正确，扣 10 分/处		
6	安全文明操作	10	（16）违反安全操作规程者，扣 5 分/次，并予以警告 （17）实验结束未及时整理实验台及场所，扣 2 分 （18）发生严重事故者，10 分全扣，并立即予以终止作业		
合计		100			

【思考与练习】

一、填空题

1．交流电是指电压、电流的______和______随时间作______变化，按______规律变化的交流电称为正弦交流电。

2．正弦交流电的三要素是指______、______和______，分别用来描述交流电的变化的大小、快慢及初始值。

3．交流电的大小往往不是用它的最大值，而是用______来计量的，如交流电流表和电压表所指示的数值。它是根据电流的______原理来规定的。

4．有效值与最大值的关系是：最大值为有效值的_____倍。

5．正弦交流电的三种表示方法是：__________、__________、__________。

6．指出图 2-1-8 中电感元件的名称，并填写在横线上。

__________________　　__________________　　__________________

图 2-1-8　电感元件

7．电容器的电容 C，与极板________成正比；与介质的________成正比；与两极板间的________成反比，用公式表示为________。电容的单位分别是法拉、微法、纳法、皮法，它们之间的换算关系是 1F=________μF=________nF=________pF。

8．电路三种基本元件中，电阻是耗能元件、电感是______元件、电容是______元件。

二、简答题

1．导线通过直流电流时，电流在导线截面上是均匀分布的。但导线通过交流电流时，电流在导线截面上的分布却是不均匀的，而且越靠近导线表面位置的电流密度越大。这是为什么？

2. 请你解释如图 2-1-9 所示电路的开关 S 闭合瞬间和闭合很长一段时间所观察到的现象。

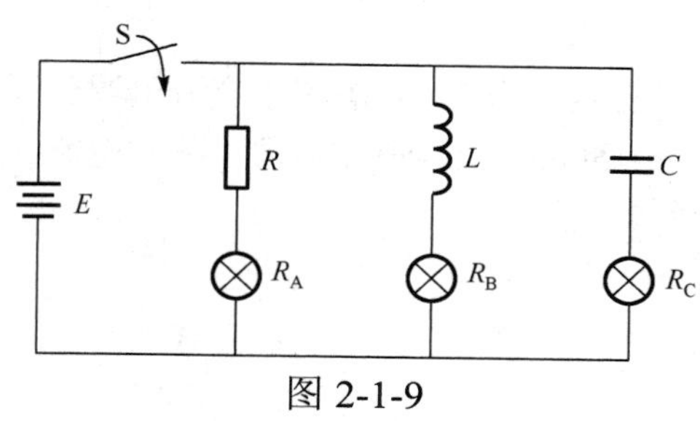

图 2-1-9

三、计算题

1. 已知两个电容 C_1=50μF，C_2=200μF，耐压分别是 200V 和 400V，试求：

（1）两电容串联使用时的等效电容及工作电压；

（2）两电容并联使用时的等效电容及工作电压。

2. 有一线圈，当通过它的电源在 0.01 秒内由零增加到 4A 时，线圈中产生的感应电动势为 1000V，求线圈的自感系数 L。

3．一正弦交流电压，其有效值为 220V，初相位为–45°，频率为 50Hz。试写出其解析式并画出对应的旋转矢量图。

4．将频率为 50Hz、电压有效值为 220V 的正弦交流电源分别加在电阻元件、电感元件、电容元件上。已知 R=50Ω，L=150mH，C=50μF。求：（1）电流；（2）有功功率或无功功率；（3）写出各电流的解析式。

5．在图 2-1-10 所示的电路中，E=12V，R_1=3kΩ，R_2=9kΩ，C=100μF，开关 S 处于闭合状态。试求开关 S 断开后各支路电流，并画出各电流变化的波形图。

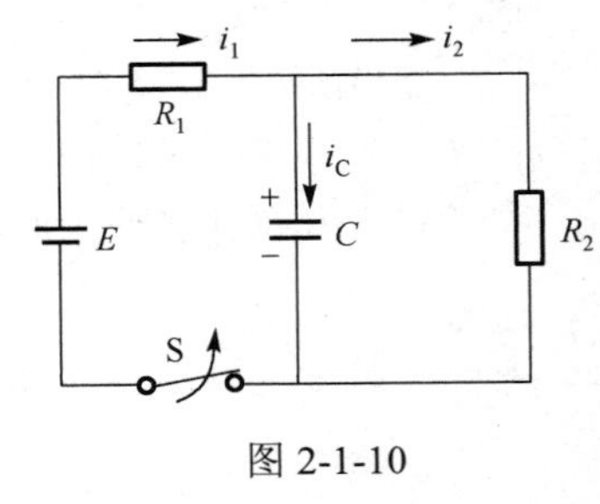

图 2-1-10

四、仿真实验题

请你搭建 EWB 仿真电路，如图 2-1-11(a)所示，选择合适电路参数使示波器能显示如图 2-1-11(b)所示的波形图。并回答以下问题：

（1）该电路的结构是构成微分电路还是积分电路？

（2）电路输出信号要产生示波器所显示的波形图，电路参数如何选择？

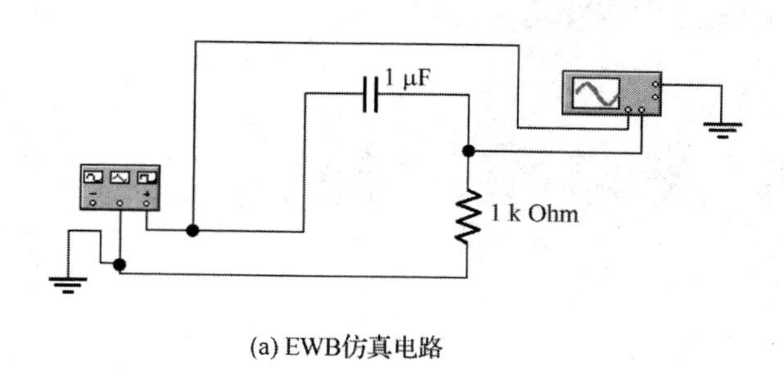

(a) EWB仿真电路

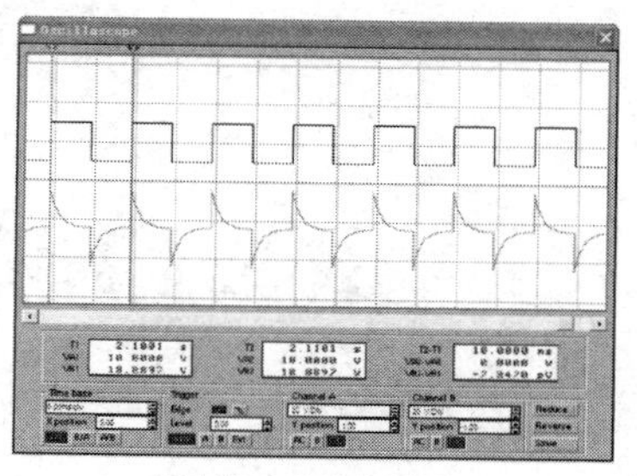
(b) 示波器显示的波形

图 2-1-11

RL 串联交流电路的探究

班级：________ 姓名：________ 学号：________ 同组者：________

工作时间：第_____周 星期_____第_____节（_____年_____月_____日）

【任务单】

根据如图 2-2-1 所示日光灯电路原理图，请你完成以下工作任务。

（1）电路的连接

根据电路原理图，选择合适元器件，用专用导线连接器件完成电路的连接。

（2）电路的测试

① 测试电路未并联电容时，电源电压、镇流器两端电压、日光灯管电压和电路电流，探究电阻与电感元件串联组成的交流电路的特性。

② 测试电路并联电容后，电源电压、镇流器两端电压、日光灯管电压和电路电流，探究感性电路并联电容后的特性。

（3）实验数据分析

根据实验数据，分析电阻与电感串联组成的感性电路中，总电压与各元件分压之间的关系，估算电路功率因数的大小。

分析感性电路并联电容后，总电流的变化与电路功率因数的关系。

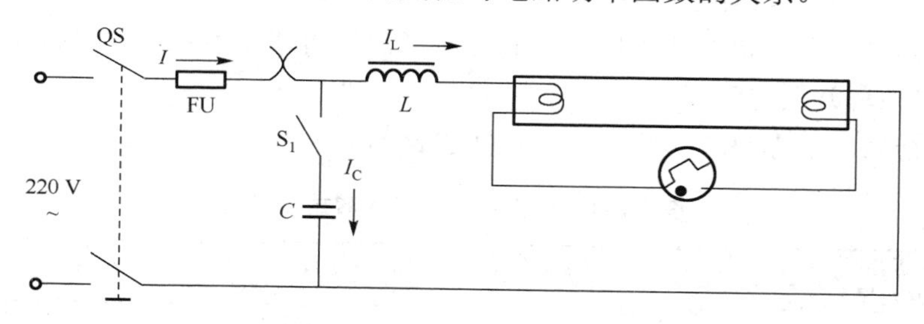

图 2-2-1　日光灯电路原理图

【工作准备】

1. 电工仪表

根据任务单下达的工作任务，备齐仪表。主要仪表是：__________、__________。

2. 器材准备

DS-IC 型电工实验台、220V 交流电源、日光灯管（含灯管座）、40W 镇流器（DS-C19L-SA）、熔断器启辉器（DS-C20Fu）、电流测量插口（DS-C23）、动态电路单元板（DS-27DN）、专用导线若干。

3. 质量检测

根据工作任务，备齐所需的元器件，并对选择器件进行外观及其质量检测。测得灯丝的电阻为 $R_{灯丝}$（平均值）=__________，镇流器直流电阻为__________。

【任务实施】

1. 电路的连接

（1）将选择好的元器件放置在实验台架上合理位置。

（2）根据电路原理图，用专用连接导线连接电路。

2．电路的测量

（1）并联电容器前

① 闭合电源总开关QS，接通日光灯线路的电源，日光灯亮了。

② 用万用表合适的交流电压挡测量电路中电源电压U、镇流器电压U_L和灯管两端电压U_R。将测量数据记录在表2-2-1中。

③ 将与交流电流表连接的专用导线插入电流测量口中，测量电路的总电流。并将测量数据记录在表2-2-1中。

④ 断开电源总开关QS。

（2）并联电容器后

① 闭合与电容器支路连接的开关S_1，接通电容器并联支路。

② 闭合电源总开关QS，接通日光灯线路的电源，日光灯亮了。

③ 与步骤（1）中③相同，测量电路中电源电压U、镇流器电压U_L和灯管两端电压U_R。将测量数据记录在表2-2-1中。

④ 与步骤（1）中④相同，测量电路的总电流，并将测量数据记录在表2-2-1中。

⑤ 断开电源总开关QS。

注：实验结后，请你整理实验台，清点实验器材。

表2-2-1　日光灯线路实验数据记录表　　P=30W，C=4μF

序号	是否并联电容器	U/V	U_L/V	U_R/V	I/mA	计算$\cos\varphi$
1	并联前					
2	并联后					

3．实验数据分析与结论

根据表2-2-1所列的实验测量数据和计算值，可以看出：

① 电容器并联前后，电路中各电压值________，且近似满足______________；

② 感性电路功率因数________，在并联上适当电容量的电容器后，电路的总电流________，整个电路的功率因数明显________了。

【任务评价】

请你填写RL串联交流电路的探究工作任务评价表（表2-2-2）。

表2-2-2　RL串联交流电路的探究工作任务评价表

序号	评价内容	配分	评价细则	学生评价	教师评价
1	选用工具、仪表及器件	10	（1）工具、仪表少选或错选，扣2分/个 （2）电路单元模块选错型号和规格，扣2分/个 （3）单元模块放置位置不合理，扣1分/个		

续表

序号	评价内容	配分	评价细则	学生评价	教师评价
2	器件检查	10	（4）电器元件漏检或错检，扣 2 分/处		
3	仪表的使用	10	（5）仪表基本会使用，但操作不规范，扣 1 分/次 （6）仪表使用不熟悉，但经过提示能正确使用，扣 2 分/次 （7）检测过程中损坏仪表，扣 10 分		
4	电路连接	20	（8）连接导线少接或错接，扣 2 分/条 （9）电路接点连接不牢固或松动，扣 1 分/个 （10）连接导线垂放不合理，存在安全隐患，扣 2 分/条 （11）不按电路图连接导线，扣 10 分		
5	电路参数测量	20	（12）电路参数少测或错测，扣 2 分/个 （13）不按步骤进行测量，扣 1 分/个 （14）测量方法错误，扣 2 分/次		
6	数据记录与分析	20	（15）不按步骤记录数据，扣 2 分/次 （16）记录表数据不完整或错记录，扣 2 分/个 （17）测量数据分析不完整，扣 5 分/处 （18）测量数据分析不正确，扣 10 分/处		
7	安全文明操作	10	（19）未经教师允许，擅自通电，扣 5 分/次 （20）未断开电源总开关，直接连接、更改或拆除电路，扣 5 分 （21）实验结束未及时整理器材，清洁实验台及场所，扣 2 分 （22）测量过程中发生实验台电源总开关跳闸现象，扣 10 分 （23）操作不当，出现触电事故，扣 10 分，并立即予以终止作业		
合计		100			

【思考与练习】

一、填空题

1．阻值为 30Ω 的电阻与感抗为 40Ω 的电感串联组成的电路，其总阻抗 Z 为______Ω，功率因数 λ 为_________。

2．在交流电路中，视在功率 S、有功功率 P 及无功功率 Q 三者之间的关系式可表示为____________，用它们来表示电路的功率因数时，λ=____________。

3. 功率的单位：视在功率为__________，有功功率为__________，无功功率为__________。

4．功率因数可以用电路中电流与电压之间相位差的____________来表示，提高功率因数也就是要减小这个相位差。

5．提高功率因数，具有重要意义：一方面，减少____________________________；另一方面，可以提高____________________________。

6．日光灯线路采用电压为________电源供电。线路中，启辉器起________作用；电感式镇流器一方面因________作用而稳定工作电流，另一方面产生________而使灯管发光。

二、简答题

1．选样估算日光灯有功功率？将电感式镇流器视为纯电感元件是实验误差的主要原因吗？

2．标有额定值“110V/100W”的电感线圈，误接电压为110V的直流电源，会产生什么后果？

3．根据日常观察，日光灯线路常见的故障有哪些？如果发现没有启辉器，你有什么应急的办法让日光灯亮起来？

三、计算题

1．30W的日光灯和镇流器串联接在220V/50Hz交流电源上，通过的电流是0.3A，求功率因数。

2．将电感为318mH、电阻为100Ω的线圈接到$u=220\sqrt{2}\sin 314t$ V的电源上。求：（1）线圈的阻抗；（2）电流的有效值及解析式；（3）电阻和电感上的分压；（4）功率因数、有功功率、无功功率及视在功率。

3．为了使一个36V、0.3A的白炽灯接在220V、50Hz的交流电源上能正常正作，可以串联一个电感线圈（电阻可忽略不计），试求该线圈的电感量是多少？

4．已知日光灯线路的灯管电阻R_1=353Ω，镇流器的电阻R_2=50Ω，电感L=1.85H，电源电压为220V，频率f=50Hz。求：

（1）通过灯管的电流I；

（2）灯管两端的电压 U_1、镇流器的电压 U_2；
（3）电路的功率因数 λ 及有功功率 P。

四、EWB 仿真题

用 EWB 仿真软件搭建感性负载并联电容器电路，如图 2-2-2 所示。已知感性负载 R=1kΩ，电感 L=1000mH，正弦波信号源频率为 50Hz。请你选择电容器的电容量 C，使电路功率因数达到最大。

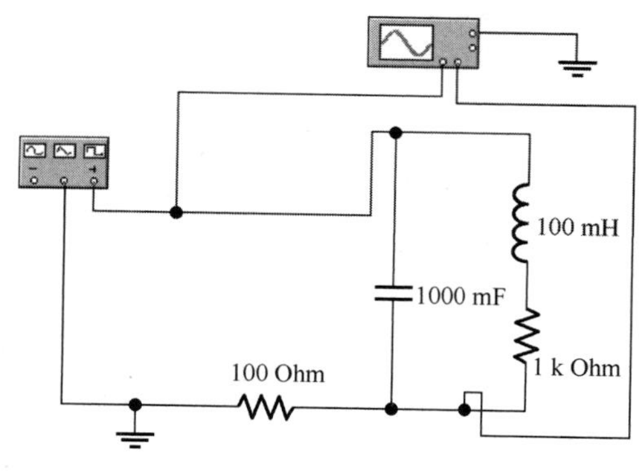

图 2-2-2　EWB 仿真电路

任务 2-3

RC 串联交流电路的探究

班级：__________ 姓名：__________ 学号：__________ 同组者：__________

工作时间：第______周 星期______第______节（_____年_____月_____日）

【任务单】

采用电路仿真软件 EWB 探究电阻与电容串联的交流电路的频率特性，实验电路如图 2-3-1 所示。请你完成以下工作任务。

（1）电路搭建与 EWB 电路仿真

用 EWB 分别搭建电容器输出、电阻器输出的 RC 串联电路，电路如图 2-3-1(a)、(b)所示。进行以下探究：

① 电容器输出的低通滤波电路的频率特性；

② 电阻器输出的高通滤波电路的频率特性。

（2）仿真实验数据分析

根据仿真实验数据，分析低通（高通）滤波电路的频率特性。

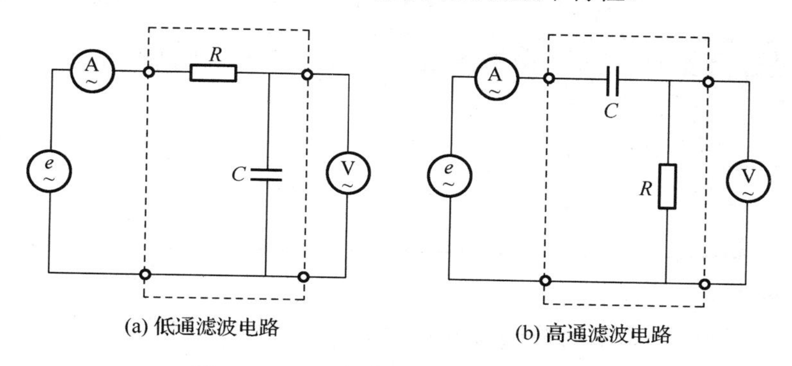

图 2-3-1　RC 串联电路的频率特性分析

【工作准备】

1. 电工仪表

根据任务单下达的工作任务，备齐仪表。主要仪表是：__________、__________、__________、__________。

2. 器材准备

计算机、EWB 仿真软件、电阻元件、电容元件。

【任务实施】

1. 低通滤波电路的频率特性的实验探究

（1）实验电路的搭建

根据图 2-3-1(a)所示低通滤波电路图搭建 EWB 仿真实验电路，如图 2-3-2 所示。

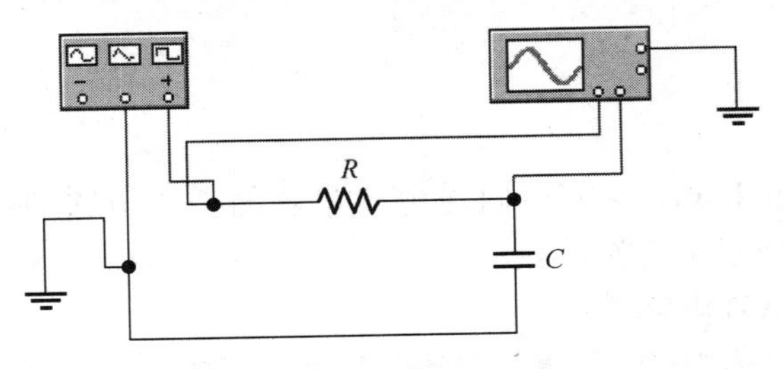

图 2-3-2 低通滤波的 EWB 电路

（2）参数设置

函数发生器选择正弦波信号，其频率、电压幅值，以及元器件等参数按表 2-3-1 中的数据设置。

表 2-3-1 低通滤波电路频率特性的探究实验数据记录表 R=1kΩ，C=0.05F

序号	频率 f/Hz	输入电压 U_m/V	输出电压 U_m/mV	T_2-T_1	$T(\omega)$	$\varphi(\omega)$	仿真结论
1	100	10					
2	500	10					

（3）电路仿真

“启动/停止”开关，激活电路进行测试。请你将双踪示波器的输出信号的波形绘制出来（图 2-3-3）。

重新设置参数后，再次单击“启动/停止”开关，请你注意观察波形，并绘制出来。

测试输入电压、输出电压、指针 1 及指针 2 的时间差，将测量值和计算值填写在表 2-3-1 中。其中相位差的计算按公式：相位差=$2\pi f(T_2-T_1)$。

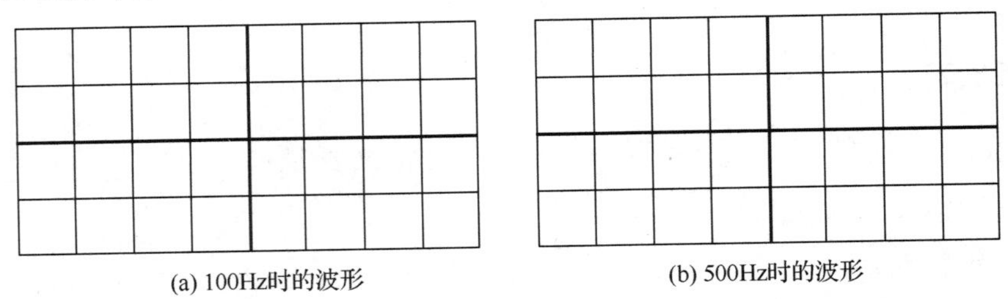

(a) 100Hz时的波形　　(b) 500Hz时的波形

图 2-3-3 示波器所显示的波形图

（4）实验结论

根据你所观察到的波形图，将实验结论填写在表 2-3-1 中。

2．高通滤波电路的频率特性的实验探究

（1）实验电路的搭建

根据图 2-3-1(b)所示高通滤波电路图搭建 EWB 仿真实验电路，如图 2-3-4 所示。

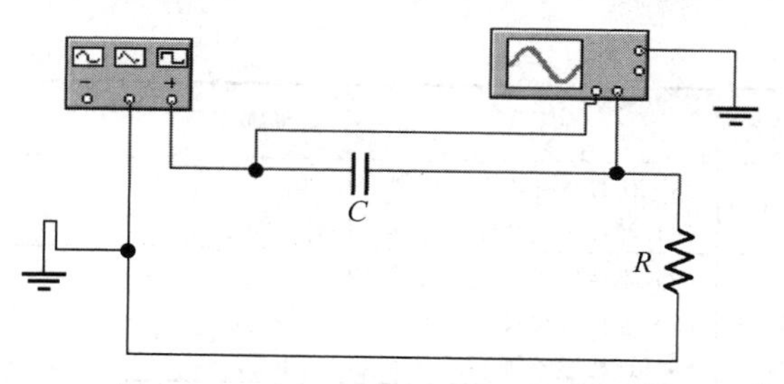

图 2-3-4　高通滤波的 EWB 仿真电路

（2）参数设置

函数发生器选择正弦波信号，其频率、电压幅值，以及元器件等参数按表 2-3-2 中的数据设置。

表 2-3-2　高通滤波电路频率特性的探究实验数据记录表　R=1kΩ，C=100μF

序号	频率 f/Hz	输入电压 U_m/V	输出电压 U_m/mV	T_2-T_1	$T(\omega)$	$\varphi(\omega)$	仿真结论
1	100	10					
2	500	10					

（3）电路仿真

单击“启动/停止”开关，激活电路进行测试，测试方法与以上同。

绘制波形图（图 2-3-5），将测量值和计算值填写在表 2-3-2 中。

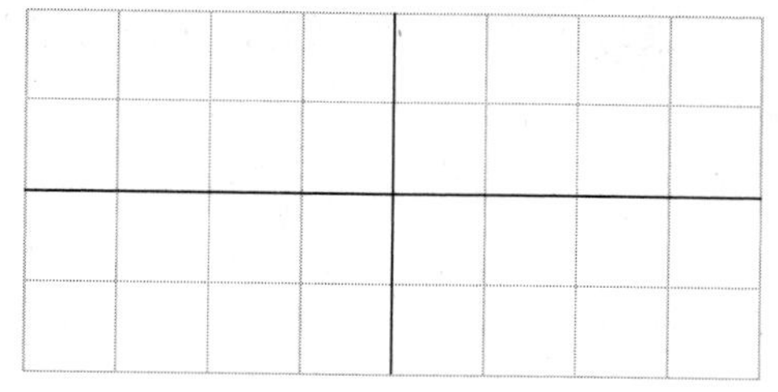

(a) 100Hz 时的波形

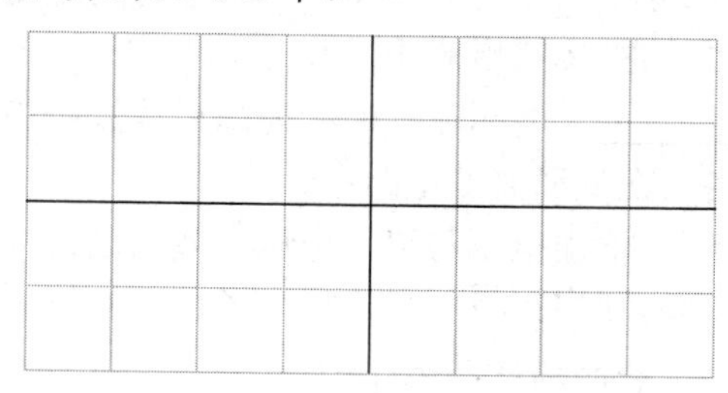

(b) 500Hz 时的波形

图 2-3-5　双踪示波器显示的波形图

（4）实验数据分析与结论

根据你所观察到的波形图，将实验结论填写在表 2-3-2 中。

【任务评价】

请你填写 RC 串联交流电路的探究工作任务评价表（表 2-3-3）。

表 2-3-3　串联交流电路的探究工作任务评价表

序号	评价内容	配分	评价细则	学生评价	教师评价
1	电工仪表与器材	5	（1）仪器、仪表少选或错选，扣 1 分/个 （2）元器件少选或错选，扣 1 分/个 （3）仪器、仪表属性设置不正确，扣 1 分/个 （4）元器件参数设置不正确，扣 1 分/个		

续表

序号	评价内容	配分	评价细则	学生评价	教师评价
2	仿真软件的使用	10	（5）仿真软件不会使用者，扣 10 分 （6）经提示后会使用仿真软件者，扣 2 分/次		
3	电路搭接	15	（7）不按原理图连接导线，扣 5 分/处 （8）连接线少接或错接，扣 2 分/条 （9）连接线不规范、不美观，扣 1 分/条		
4	电路参数测量	30	（10）不能一次仿真成功者，扣 5 分 （11）电路参数少测或错测，扣 2 分/个 （12）测量方法错误，扣 2 分/次		
5	数据记录与分析	30	（13）仿真数据或波形图记录不完整或错误，扣 2 分/个 （14）测量数据分析结论不完整，扣 5 分/处 （15）测量数据分析结论不正确，扣 10 分/处		
6	安全文明操作	10	（16）违反安全操作规程者，扣 5 分/次，并予以警告 （17）实验结束未及时整理实验台及场所，扣 2 分 （18）发生严重事故者，10 分全扣，并立即予以终止作业		
合计		100			

【思考与练习】

一、填空题

1．在交流电路中，电容元件的______与频率有关，当电源的频率改变时，电路中______和各部分______的大小和______也随之改变，这种关系称为电路的______特性。

2．在 RC 串联电路中，信号从____________两端输出的称为低通滤波电路，信号从____________两端输出的称为高通滤波电路。

3．在低通滤波电路中：

（1）输出电压与输入电压有效值之比为 $T(\omega)$=________________________；

（2）输出信号与输入信号之间的相位差为 $\varphi(\omega)$ =____________________。

4．在高通滤波电路中：

（1）输出电压与输入电压有效值之比为 $T(\omega)$=________________；

（2）输出信号与输入信号之间的相位差为 $\varphi(\omega)$ =____________________。

5. 频率特性包括________特性和________特性。把输出电压下降到输入电压的 70.7%时，对应的频率称为________。

二、简答题

什么叫低通滤波电路？什么叫高通滤波电路？

三、计算题

1．为了使一个 36V/0.3A 的灯泡接在 220V/50Hz 的交流电源上能正常工作，可以串联一个电阻 R、电感 L 或电容器 C，试求所串联的器件的电参数（R、L、C）各是多少？

2．将电阻和电容串联组成的容性电路接入频率为 50Hz、电压有效值为 141.4V 的正弦交流电源中，已知 R=500Ω，C=6.37μF，求：（1）电流；（2）视在功率、有功功率、无功功率及功率因数；（3）以电源电压为参考，写出电流及各电压的解析式。

四、仿真实验题

请你搭建一 RC 高通滤波的 EWB 仿真电路，如图 2-3-6 所示。已知电路参数为 R=600kΩ，C=0.53mF，信号源电压幅值为 10V，试通过仿真实验测试该高通滤波电路的截止频率。

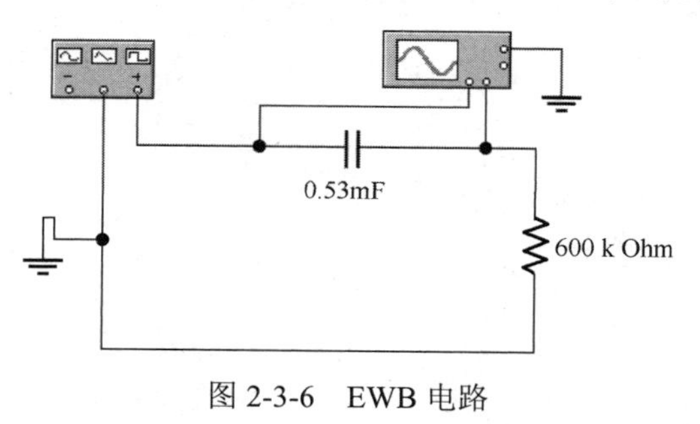

图 2-3-6　EWB 电路

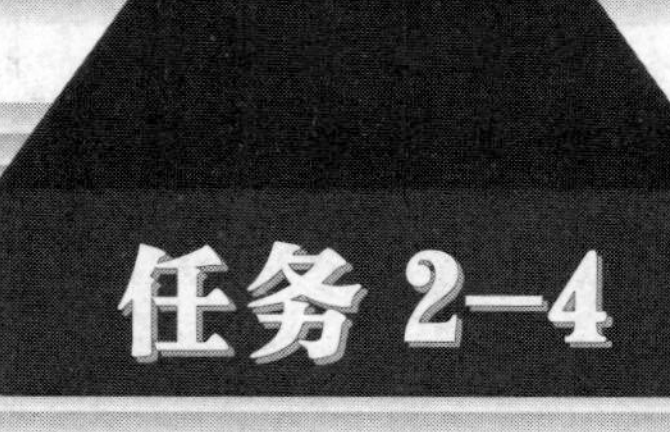

任务 2-4

谐振电路的探究

班级：__________ 姓名：__________ 学号：__________ 同组者：__________

工作时间：第______周 星期______第______节（______年______月______日）

【任务单】

采用电路仿真软件 EWB 探究电阻、电感及电容串联的交流电路的频率特性，实验电路如图 2-4-1 所示。请你完成以下工作任务。

（1）电路搭建与 EWB 电路仿真

用 EWB 搭建 RLC 串联的交流电路。探究频率特性，测试串联谐振频率。

（2）仿真实验数据分析

根据仿真实验数据，分析 RLC 串联交流电路的频率特性。

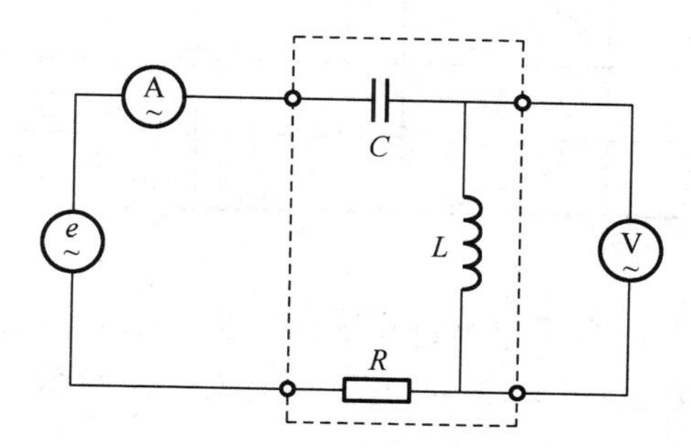

图 2-4-1　RLC 串联电路的频率特性

【工作准备】

1. 电工仪表

根据任务单下达的工作任务，备齐仪表。主要仪表是：__________、__________、__________、__________、__________。

2. 器材准备

计算机、EWB 仿真软件、电阻元件、电感元件、电容元件。

【任务实施】

1. 实验电路的搭建

根据图 2-4-1 所示 RLC 串联交流电路搭建 EWB 仿真实验电路，如图 2-4-2 所示。

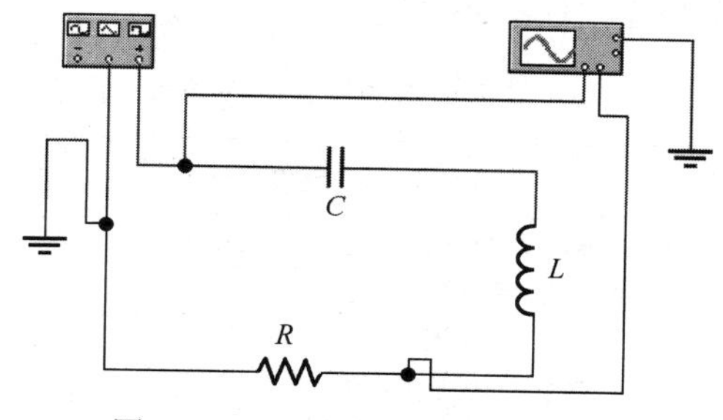

图 2-4-2　RLC 串联的 EWB 电路

2. 电路测试

（1）参数设置

函数发生器选择正弦波信号，其频率、电压幅值，以及元器件等参数按表 2-4-1 中的数据设置。

表 2-4-1 RLC 串联电路频率特性的探究实验数据记录表 U=10V

序号	R/Ω	L/H	C/μF	T2-T1/ms	f_0/Hz	仿真结论
1	1k	0.05	2.03			
2	4k	0.05	2.03			
3	1k	0.2	2.03			
4	1k	0.05	8.12			

（2）电路仿真

单击“启动/停止”开关，激活电路进行测试。调节信号源频率使两个输出信号波形同相位为止。将此时的频率值记录在表 2-4-1 中，并将双踪示波器的输出信号的波形绘制出来（图 2-4-3）。

重新设置参数后，重复以上步骤。

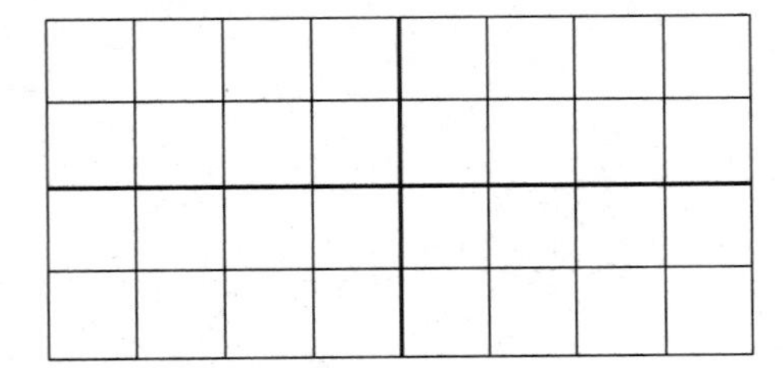

(a) f_{01}时的波形

(b) f_{02}时的波形

图 2-4-3 示波器所显示的波形图

（3）仿真实验数据分析与结论

根据你所观察到的波形图，将实验结论填写在表 2-4-1 中。

【任务评价】

请你填写谐振电路的探究工作任务评价表（表 2-4-2）。

表 2-4-2 谐振电路的探究工作任务评价表

序号	评价内容	配分	评价细则	学生评价	教师评价
1	电工仪表与器材	5	（1）仪器、仪表少选或错选，扣 1 分/个 （2）元器件少选或错选，扣 1 分/个 （3）仪器、仪表属性设置不正确，扣 1 分/个 （4）元器件参数设置不正确，扣 1 分/个		
2	仿真软件的使用	10	（5）仿真软件不会使用者，扣 10 分 （6）经提示后会使用仿真软件者，扣 2 分/次		

续表

序号	评价内容	配分	评价细则	学生评价	教师评价
3	电路搭接	15	（7）不按原理图连接导线，扣 5 分/处 （8）连接线少接或错接，扣 2 分/条 （9）连接线不规范、不美观，扣 1 分/条		
4	电路参数测量	30	（10）不能一次仿真成功者，扣 5 分 （11）电路参数少测或错测，扣 2 分/个 （12）测量方法错误，扣 2 分/次		
5	数据记录与分析	30	（13）仿真数据或波形图记录不完整或错误，扣 2 分/个 （14）测量数据分析结论不完整，扣 5 分/处 （15）测量数据分析结论不正确，扣 10 分/处		
6	安全文明操作	10	（16）违反安全操作规程者，扣 5 分/次，并予以警告 （17）实验结束未及时整理实验台及场所，扣 2 分 （18）发生严重事故者，10 分全扣，并立即予以终止作业		
合计		100			

【思考与练习】

一、填空题

1．在具有电感和电容元件的交流电路中，调节电源的________和电路的________使电压与电流同相位，这时电路中就发生谐振现象，按电路结构的不同，谐振现象可分为________谐振和________谐振两种形式。

2．在 RLC 串联电路中，当电路满足__________的谐振条件时，电路为__________，且等于__________；谐振时的谐振频率为__________________（公式）。

3．由于串联谐振时电路中的________最大，电容和电感上的________都很高，往往比电源电压要高出许多倍，因此，串联谐振又称________谐振。

4．品质因数 Q 值的大小决定着谐振曲线的形状。在电路的 L 和 C 值不变，只改变 R 的情况下，R________，Q 值________，则谐振曲线就_________，电路的选择性就越好。

二、简答题

1．什么叫串联谐振？为什么串联谐振又称电压谐振？

2．串联谐振的条件是什么？谐振频率与哪些因素有关？请你说一说谐振现象的利与弊。

三、计算题

1．电路如图 2-4-1 所示，已知 R=1kΩ，L=3.18H，C=1.59μF，输入电压 $u=10\sqrt{2}\sin 314t$ V，求：（1）图中电流表及电压表的读数；（2）计算视在功率、有功功率和无功功率；（3）写出电流的解析式。

2．电阻、电感及电容组成串联电路，其中 R=18.8Ω，L=60mH，C=0.422μF，输入电压 U=10V，假设电路发生串联谐振，试求：（1）谐振频率；（2）品质因数；（3）各元件的分电压。

3．在 RLC 串联电路中，已知 R=30Ω，X_L=50Ω，X_C=20Ω，电流为 $\dot{I}=0.5e^{j0}$ A。求：（1）复阻抗；（2）总电压及各元件分压的相量。

4．试用旋转矢量法或相量法，证明如图 2-4-1 所示 RLC 串联电路发生串联谐振时的频率 f_0 为 $f_0=1/2\pi\sqrt{LC}$

※5．证明：在 RLC 串联电路中，通频带宽度 Δf、品质因数 Q 及谐振频率 f_0 三者之间的关系为 $\Delta f = \dfrac{f_0}{Q}$

四、仿真实验题

请你搭建一 RLC 并联的 EWB 仿真电路，如图 2-4-4 所示。电路参数按图中设置，正弦交流信号的电压幅值为 10V，试通过仿真实验测试该电路发生并联谐振时的谐振频率 f_0。

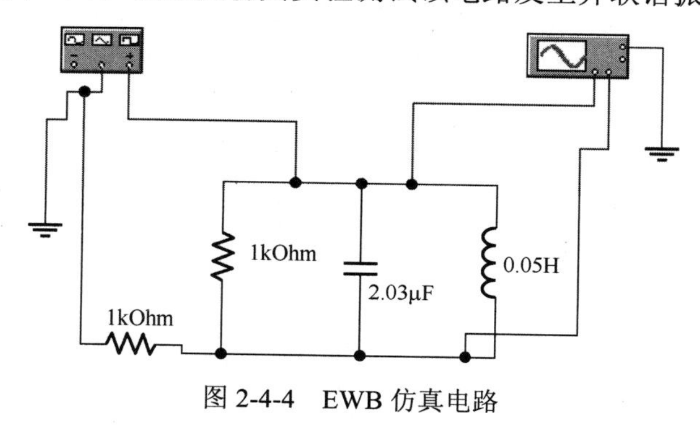

图 2-4-4 EWB 仿真电路

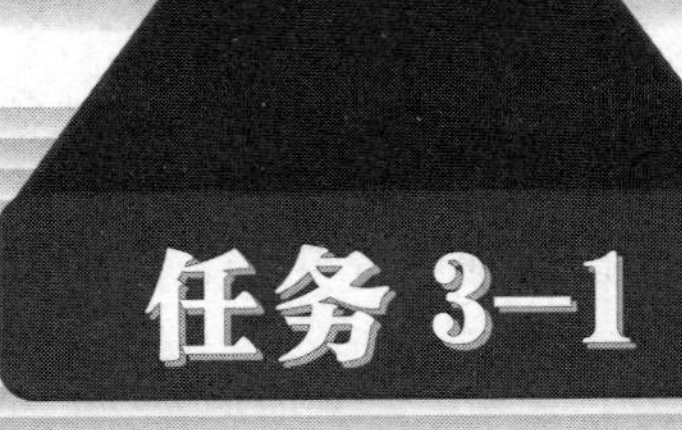

电源配电板的制作

班级：__________ 姓名：__________ 学号：__________ 同组者：__________

工作时间：第______周 星期______第______节（_____年_____月_____日）

【任务单】

根据图 3-1-1 所示的电源配电系统图和图 3-1-2 所示的板上元器件布置图，请你在电源配电板上完成元器件的安装与接线。

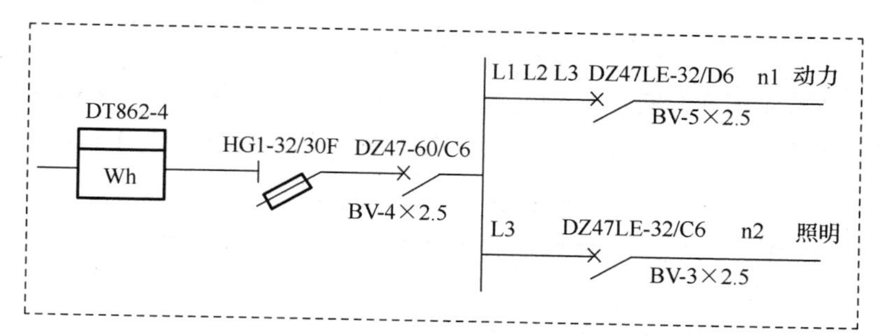

图 3-1-1 电源配电板系统图

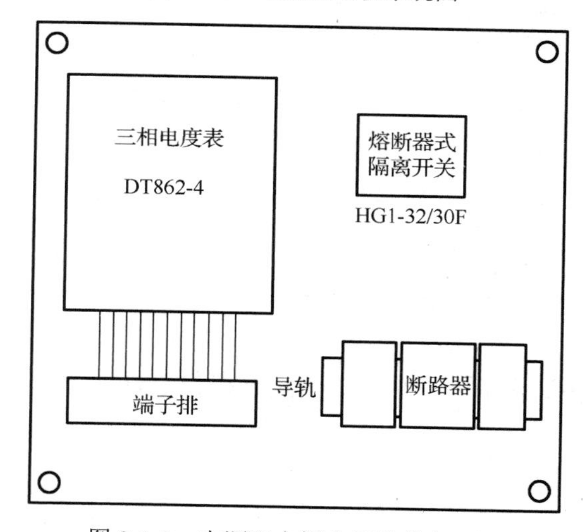

图 3-1-2 电源配电板上元器件布置图

在完成电源配电板的器件安装与接线工作任务时，必须满足以下要求：

① 器件安装位置合理，固定牢固，不倾斜，断路器按配电系统图要求选配。

② 盘上电器按配电系统图要求接线，相线、零线、接地线等按配电系统图线径要求配线和分色。

③ 敷设导线时，应做到横平竖直、无交叉、集中归边、贴面走线。

④ 一个接线端接线不超过两根，端子压接要牢固，不露铜或压皮；端子按图纸要求进行编码。

⑤ 通电检测时，输出电压均正常。

请注意：在完成工作任务的全过程中，严格遵守电气安装与维修的安全操作规程！

【工作准备】

认真阅读工作任务书，理解工作任务的________，明确工作任务的________。根据施工单及施工图，做好工具及器材准备。

1．电工仪表

根据任务单下达的工作任务，备齐仪表。主要仪表是：__________。

2．工具及器材准备

工具：____

____。

器材：DS-IC 型电工实验台，三相交流电源模块，专用导线若干，$2.5mm^2$ 规格黄、绿、红、蓝及黄绿双色 5 种绝缘硬导线若干。请你填写元器件清单表（表 3-1-1）中型号规格。

表 3-1-1　元器件清单表

序号	名称	型号/规格	数量
1	电源配电板		1 块
2	三相四线制电度表		1 只
3	熔断器式隔离器		1 只
4	断路器		1 只
5	断路器		1 只
6	断路器		1 只
7	端子排		11 位/条
8	导轨		长度：210mm

3．质量检测

根据工作任务，备齐所需的元器件，并对选择器件进行外观及通断检测。

【任务实施】

1．器件定位与安装

（1）器件定位

根据元器件定位的基本要求，确定各元器件的安装位置，用笔和尺标出打孔位置，然后使用电动工具进行钻孔加工。

（2）器件安装

将各元器件放置于相应的位置，进行紧固安装，所有的断路器均安装在导轨上。

2．板前布线

（1）____。

（2）____。

（3）____

____。

（4）____。

（5）____。

3．通电检测

① 在断电情况下进行检测，确保没有________存在。

② 连接三相四线制电源，接通实验台____________。

③ 依次闭合__________、__________（接通顺序），用万用表__________挡测量各断路器输出的电压值。

④ 检测完毕后，依次断开__________、__________、________________（断开顺序）。

注：实验结束后，请你整理实验台，清点实验器材。

【任务评价】

请你填写电源配电板的制作工作任务评价表表（3-1-2）。

表 3-1-2 电源配电板的制作工作任务评价表

序号	评价内容	配分	评价细则	学生评价	教师评价
1	仪表、工具及器材	5	（1）仪器、仪表少选或错选，扣 1 分/个 （2）工具少选或错选，扣 1 分/个 （3）元器件少选或错选，扣 1 分/个 （4）导线选择不正确，扣 1 分/条		
2	器件检测	10	（5）万用表使用不当，扣 2 分/次 （6）元器件漏检测，扣 2 分/个		
3	器件定位与安装	15	（7）器件布局位置不合理，扣 2 分/处 （8）器件漏装，扣 2 分/个 （9）器件安装倾斜、固定不牢固，扣 2 分/个		
4	板前接线安装	30	（10）按配电系统图，少接或错接，扣 3 分/处 （11）导线选型不正确，扣 1 分/条 （12）所接 BV 线不横平竖直、有交叉线、外露铜丝过长、有跨接线、压皮或绝缘受损等，扣 3 分/处		
5	通电检测	30	（13）通电检测时，出现短路跳闸现象，扣 10 分/次 （14）通电检测时，隔离开关、各断路器输出电压不正常，扣 5 分/个 （15）通电检测时，全部功能不能实现，扣 30 分		
6	安全文明操作	10	（16）违反安全操作规程者，扣 5 分/次，并予以警告 （17）作业完成后未及时整理实验台及场所，扣 2 分 （18）发生严重事故者，10 分全扣，并立即予以终止作业		
合计		100			

【思考与练习】

一、填空题

1．三相交流电是由三个________相同、________相等、相位依次________的交流电动势组成的电源，在电力系统中得到了广泛的应用。

2．在三相交流电中，若 A 相为 $e_A = E_m \sin \omega t$，则 B 相为______________、C 相为____________。

3．在三相四线制供电系统中，相线与中线之间的电压称为________，相线与相线之间的电压称为________，线电压是相电压的________倍。

4．三相发电机绕组 AX、BY、CZ 中，将 X、Y、Z 三个端子连接起来并引出一条线称为______，由其余三个端分别引出另外三条线称为______。这种连接称为______连接法。

5．供配电系统图说明了系统的__________、__________、__________之间的连接关系，以及线路的__________、__________等，它是进行安装施工和电气维修的重要依据。

6．电源配电箱是连接________和________的一种电气装置，配电箱内一般配置有__________、__________、__________等器件，具有计量、隔离、正常分断、__________、__________、__________及电源指示等功能。

7．电能是通过其他形式的能量，如水位能、热能、________、________、________等转化而来的，主要是通过________来生产的，又通过________来传输和分配。

二、简答题

1．电力系统是由哪三个部分组成的？

2．什么叫触电？触电的种类和形式各是什么？

3．请你谈一谈安全用电方面的基本常识。

4．保护接地与保护接零有什么区别？为什么在同一线路上，不允许一部分电气设备保护接地，另一部分电气设备保护接零？

三、计算题

证明：三相四线制供电系统中，线电压与相应的相电压的关系为：（1）线电压为相电压的 $\sqrt{3}$ 倍；（2）线电压的相位较相应的相电压超前 30°。

三相交流电路的探究

班级：＿＿＿＿＿ 姓名：＿＿＿＿＿ 学号：＿＿＿＿＿ 同组者：＿＿＿＿＿

工作时间：第＿＿＿周 星期＿＿＿第＿＿＿节（＿＿＿年＿＿＿月＿＿＿日）

【任务单】

根据如图 3-2-1 所示三相交流电路原理图，请你完成以下工作任务。

（1）电路的连接

根据电路原理图，选择合适元器件，用专用导线连接器件分别完成两个电路的连接。其中，图 3-2-1(a)为星形接法；图 3-2-1(b)为三角形接法。

（2）电路的测试

分以下几种情形，测试线电压、线电流、相电压、相电流、中线电流（星形接法）。

① 三相负载接成星形时，分对称负载和不对称负载两种情形；

② 三相负载接成三角形时，分对称负载和不对称负载两种情形。

（3）实验数据分析与结论

① 根据实验数据，分析三相负载星形接法时，探究负载对称与否、中线存在与否，线电压与相电压的关系，线电流与相电流、中线电流之间的关系。

② 根据实验数据，分析三相负载三角形接法时，探究负载对称与否，线电压与相电压的关系，线电流与相电流之间的关系。

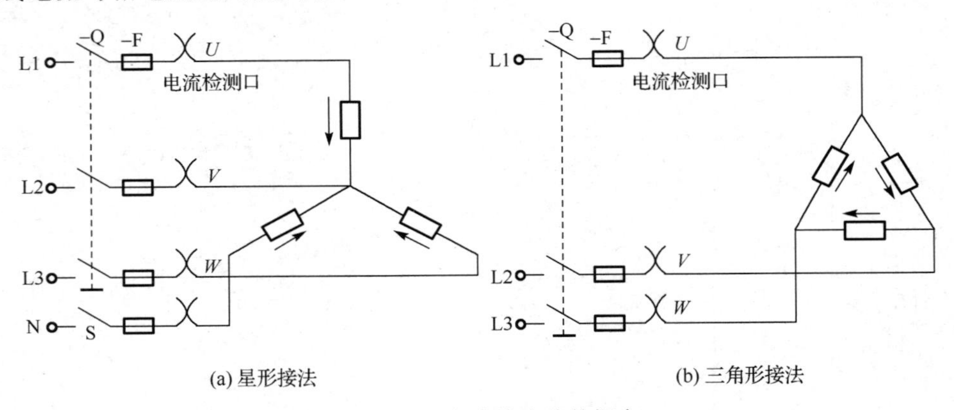

(a) 星形接法　　(b) 三角形接法

图 3-2-1　三相交流电路的探究

【工作准备】

1. 电工仪表

根据任务单下达的工作任务，备齐仪表。主要仪表是：__________、__________、__________。

2. 器材准备

DS-IC 型电工实验台、380V 交流电源、三相负荷开关（HK8 380V/16A，DS-C18）、电流测量插口（DS-C23）、灯泡负载（DS-C21）模块三块、专用导线若干。

3. 质量检测

根据工作任务，备齐所需的元器件，并对选择器件进行外观及通断检测。

测得每只灯泡灯丝的电阻值为__________（取平均值）。

【任务实施】

1．三相负载星形接法的探究实验

（1）电路的连接

① 将已选择好的电路模块（元器件）放置于合理位置。

② 根据如图 3-2-1(a)所示电路原理图，用专用导线连接电路。

（2）电路测量

负载对称情形：

① 闭合________开关，再闭合______开关，构成三相对称负载有中线的星形接法。

② 闭合电源总开关 QS，接通电源后，______盏白炽灯泡全亮。

③ 用万用表合适的________挡测量线电压、相电压，用________（通过专用导线与电流测量口对接）测量线电流及中线电流。

将测量数据记录在表 3-2-1 中。

④ 断开________开关，去掉中线的连接，观察各灯泡的亮度变化情况是：________。将测量数据记录在表 3-2-1 中。

⑤ 断开电源总开关 QS。

负载不对称情形：

① 闭合________开关，再闭合________开关，构成三相不对称负载有中线的星形接法。

② 闭合电源总开关 QS，接通三相电源，________盏白炽灯泡全亮。

③ 用万用表合适的________挡测量电路中线电压、相电压，用________测量线电流及中线电流。

④ 断开________开关，去掉中线的连接，观察各灯泡的亮度变化情况是：________。将测量数据记录在表 3-2-2 中。

⑤ 断开电源总开关 QS。

（3）实验数据分析与结论

① 对称负载时，线电压是相电压的____倍，中线电流为____。是否可以省去中线，你的回答是：________。

② 不对称负载但有中线时，线电压是相电压的____倍，中线电流是否为零，你的回答是：________。

③ 不对称负载且无中线时，各相电压中有的_________220V，有的小于_________220V（填大于、小于或等于），是否影响负载的正常工作，你的回答是：________。

表 3-2-1 三相负载的星形连接实验数据记录表　　测试条件：负载对称

序号	中线存在与否	相电压/V				线电压/V				线电流/mA			中线/mA
		U_U	U_V	U_W	U_P	U_{UV}	U_{VW}	U_{WU}	U_L	I_U	I_V	I_W	I_N
1	有中线												
2	无中线												-

计算：$U_P=(U_U+U_V+U_W)/3$、$U_L=(U_{UV}+U_{VW}+U_{WU})/3$

表 3-2-2　三相负载的星形连接实验数据记录表　　　测试条件：负载不对称

序号	中线存在与否	相电压/V				线电压/V				线电流/mA			中线/mA
		U_U	U_V	U_W	U_P	U_{UV}	U_{VW}	U_{WU}	U_L	I_U	I_V	I_W	I_N
1	有中线												
2	无中线												-

2．三相负载三角形接法的探究实验

（1）电路的连接

① 将已选择好的电路模块（元器件）放置于合理位置。

② 根据如图 3-2-1(b)所示电路原理图，用专用导线连接电路。

（2）电路测量

负载对称情形：

① 闭合________________开关，构成三相对称负载三角形接法。

② 闭合电源总开关 QS，接通电源后，______盏白炽灯泡全亮。

③ 用万用表合适的________挡测量线电压、相电压，用________（通过专用导线与电流测量口对接）测量线电流及相电流。

将测量数据记录在表 3-2-3 中。

④ 断开电源总开关 QS。

负载不对称情形：

① 闭合________开关，构成三相不对称三角形接法。

② 闭合电源总开关 QS，接通三相电源，________盏白炽灯泡全亮。

③ 用万用表合适的________挡测量电路中线电压、相电压，用________测量线电流及相电流。

将测量数据记录在表 3-2-3 中。

④ 断开电源总开关 QS。

（3）实验数据分析与结论

① 负载三角形接法时，线电压与相电压的关系是________（填相等、不相等），与三相负载是否对称有关吗？你的回答是：________。

② 三相负载对称时，线电流是相电流的______倍；三相负载不对称时，上述关系是否成立？你的回答是：________。

注：实验结束后，请你整理实验台，清点实验器材。

表 3-2-3　三相负载的三角形连接实验数据记录表

序号	负载对称与否	线电流/mA				相电流/mA				相电压/V		
		I_U	I_V	I_W	I_L	I_{UV}	I_{VW}	I_{WU}	I_P	U_{UV}	U_{VW}	U_{WU}
1	对称负载											
2	不对称负载											

计算：$I_L=(I_U+I_V+I_W)/3$、$I_P=(I_{UV}+I_{VW}+I_{WU})/3$

【任务评价】

请你填写三相交流电路的探究工作任务评价表（表 3-2-4）。

表 3-2-4 三相交流电路的探究工作任务评价表

序号	评价内容	配分	评价细则	学生评价	教师评价
1	选用工具、仪表及器件	10	（1）工具、仪表少选或错选，扣 2 分/个 （2）电路单元模块选错型号和规格，扣 2 分/个 （3）单元模块放置位置不合理，扣 1 分/个		
2	器件检查	10	（4）电器元件漏检或错检，扣 2 分/处		
3	仪表的使用	10	（5）仪表基本会使用，但操作不规范，扣 1 分/次 （6）仪表使用不熟悉，但经过提示能正确使用，扣 2 分/次 （7）检测过程中损坏仪表，扣 10 分		
4	电路连接	20	（8）连接导线少接或错接，扣 2 分/条 （9）电路接点连接不牢固或松动，扣 1 分/个 （10）连接导线垂放不合理，存在安全隐患，扣 2 分/条 （11）不按电路图连接导线，扣 10 分		
5	电路参数测量	20	（12）电路参数少测或错测，扣 2 分/个 （13）不按步骤进行测量，扣 1 分/个 （14）测量方法错误，扣 2 分/次		
6	数据记录与分析	20	（15）不按步骤记录数据，扣 2 分/次 （16）记录表数据不完整或错记录，扣 2 分/个 （17）测量数据分析不完整，扣 5 分/处 （18）测量数据分析不正确，扣 10 分/处		
7	安全文明操作	10	（19）未经教师允许，擅自通电，扣 5 分/次 （20）未断开电源总开关，直接连接、更改或拆除电路，扣 5 分 （21）实验结束未及时整理器材，清洁实验台及场所，扣 2 分 （22）测量过程中发生实验台电源总开关跳闸现象，扣 10 分 （23）操作不当，出现触电事故，扣 10 分，并立即予以终止作业		
合计		100			

【思考与练习】

一、填空题

1．在三相交流电路中，三相负载的连接方式有________和________两种连接形式。

2．三相负载作星形连接，相电流等于________；有中线时，相电压是线电压的____倍；三相负载对称时，中线电流等于________。

3．在三相四线制中，规定中线不允许安装________和________，有时中线还采用钢芯导线业加强其机械强度，以免断开；另一方面，在连接三相负载时，不能______在某一相中，而应尽量使其________，以减小中线电流。

4．三相对称负载作三角形连接时，各相电流都__________；各线电流也__________，线电流______（填超前、滞后）相应相电流 30°，且线电流是相电流的______倍。

5．常用电工材料有__________、__________和__________三大类。

6. 电气照明主要由__________、__________和电光源三部分组成。常用电光源有________光源和________光源两大类，如白炽灯、碘钨灯为________光源，荧光灯、高压汞灯、LED灯等为________光源。

二、简答题

中线的作用是什么？为什么中线上不允许安装熔断器或开关？

三、计算题

1．有三个380Ω电阻连接成三角形，接到线电压为380V的三相四线制电源上。（1）求相电压、相电流、线电压和线电流；（2）若其中一相电阻断开，此时线电流各是多少？

2．三相交流电动机定子绕组可看成三相对称负载，已知每相绕组的电阻 R=6Ω，感抗 X_L=8Ω。电动机启动时绕组为星形连接，启动后，绕组切换为三角形连接。试比较星形和三角形连接时的相电流、线电流和有功功率。

3．图3-2-1(a)所示的是三相四线制电路，电源线电压 U_L=380V。三个电阻性负载连接成星形，其电阻分别为 R_U=110Ω，R_V=R_W=220Ω。求：

（1）试求负载相电压、相电流及中线电流；

（2）当仅U相负载断开时，求其余两相负载的相电压、相电流及中线电流；

※（3）当U相负载断开且无中线时，求其余两相负载的相电压、相电流及负载中点的电压（指负载中点与电源中点之间的电压）。

任务 4-1

小型电源变压器的制作

班级：_________ 姓名：_________ 学号：_________ 同组者：_________

工作时间：第______周 星期______第______节（_____年_____月_____日）

【任务单】

如图 4-1-1 所示，图 4-1-1(a)为单相小型变压器的外形，图 4-1-1(b)为变压器的原理图，图中标注变压器的主要技术数据。请你完成小型电源变压器的制作，具体工作任务如下。

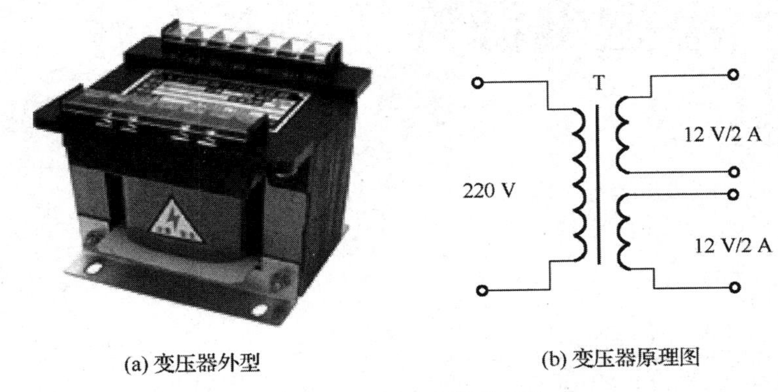

(a) 变压器外型　　(b) 变压器原理图

图 4-1-1　小型电源变压器

① 根据给定的变压器主要技术数据，进行设计计算。确定硅钢片型号规格、漆包线的型号、绝缘纸类型等。

② 根据设计计算结果，进行小型变压器的绕制。

③ 对已绕制好的变压器进行主要参数的测试，测试项目为绝缘电阻、空载电压、空载电流。

④ 绝缘处理。

在完成小型电源变压器的制作过程中，应注意以下几个问题。

① 绕线时，拉力大小要控制适当。绕线要与骨架垂直、平顺，绕紧。层数尽量少，因为线圈离铁芯越近，变压器的效率越高。先绕低电压绕组，再绕高电压绕组。

② 骨架与铁芯要配套，松紧适度。铁芯镶片时，要求紧密、整齐，但不能损伤骨架和线包。

③ 应做好层间、绕组间的绝缘，尽量选择高质量的绝缘纸，纸薄耦合得好。绕组抽头要加黄腊管绝缘。

④ 为防潮和增加绝缘强度，应做绝缘处理。一般采用预热、浸漆、通风凉干、烘箱烘干等工序流程，完成变压器的绝缘处理。

⑤ 在进行变压器的测试时，要注意安全操作规范。

请注意：在完成工作任务的全过程中，严格遵守电气安装与维修的安全操作规程！

【工作准备】

认真阅读工作任务书，理解工作任务的________，明确工作任务的________。根据施工单及施工图，做好工具及器材准备 。

1. 电工仪表

根据任务单下达的工作任务，备齐仪表。主要仪表是：__________、__________、__________、__________。

2. 工具及器材准备

工具：____。

器材：电工实验台，单相交流电源模块，ϕ0.41mm、ϕ1.04mm 规格漆包线，绝缘材料，焊锡，变压器铁芯及其他配件，1032 绝缘清漆，烘箱。

3. 质量检测

根据工作任务，备齐所需的元器件，并对选择器件进行外观及质量检测。

【任务实施】

1. 变压器计算与核算

已知数据：一次绕组工作电压 U_1=220V，二次绕组（双）输出电压及输出电流均为 12V/2A。

① 取 η=0.8，计算得 S_2=________、S_1=________、I_1=________。

② 计算铁芯截面积并预选硅钢片的型号。

● 铁芯截面积的计算。

取 K_0=1.75，计算得 A_{Fe}=________。

● 硅钢片的预选。

根据计算所得的 A_{Fe} 值，可由 $A_{Fe}=a\times b$；$b=(1\sim2)a$ 及查表，可预选硅钢片。标准硅钢片型号为________，其有关尺寸：铁芯柱宽________，窗口高度________，窗口宽度________，铁芯净叠厚________。

铁芯叠成后实际的厚度为________。（单位均为 mm）

③ 计算每伏匝数 N_0、绕组匝数及漆包线的规格型号。

● 每伏匝数。

取 B_m=1T，计算得 N_0=________。

● 绕组匝数。

一次绕组 N_1=________；二次绕组（双）N_{21}=________，N_{22}=________。

● 漆包线的选型。

取电流密度 j=2.5A/mm^2，可求得一次、二次绕组（双）的导线直径：

d_1=________，$d_{22}=d_{22}$=________。（单位均为 mm）

可查漆包线规格表，得：

一次绕组采用 QZ 型漆包线 d_1=________mm，d'_1=________mm；

二次绕组（双）采用 QZ 型漆包线 $d_{21}=d_{22}$=________mm，$d'_{21}=d'_{22}$=________mm。

④ 铁芯窗口的核算。

根据绕组匝数、漆包线最大外径、绝缘纸厚度等数据来核算变压器绕组所占铁芯窗口的面积，它应小于窗口实际面积，以保证绕组能可靠放入。

2. 变压器的绕制

（1）绕线前的准备工作

① 导线选择；

② 绝缘材料的选择；

③ 制作木芯子；

④ 选用骨架。

（2）绕线

① 裁剪好各种绝缘纸；

② 起绕；

③ 绕线的方法；

④ 线尾的固定；

⑤ 引出线的处理；

⑥ 外层绝缘。

（3）铁芯镶片

3．变压器的测试

变压器的测试内容应包括________、________、________和________。

（1）绝缘电阻的测试

三个绕组对铁芯的绝缘电阻分别为________、________、________，一次侧绕组对二次侧绕组的绝缘电阻为________、________，二次侧绕组之间绝缘电阻为________。

（2）空载电压的测试

当一次侧绕组加额定值电压 220V 时，测量二次侧绕组的输出电压为__________、__________。误差是否在允许范围内，你的回答是：__________。

（3）空载电流的测试

当一次侧绕组电压加到额定值时，其空载电流为________。其值是否在允许的范围内，你的回答是：________。

（4）温升测试

变压器正常通电数小时后，温升是否超过 40~50℃，你的回答是：________。

【任务评价】

请你填写小型电源变压器的制作工作任务评价表（表 4-1-1）。

表 4-1-1　小型电源变压器的制作工作任务评价表

序号	评价内容	配分	评价细则	学生评价	教师评价
1	准备工作	5	（1）工具、仪器仪表少选或错选，扣 1 分/个 （2）器材少选或错选，扣 1 分/个 （3）漆包线选择不正确，扣 2 分/组		
2	变压器计算	20	（4）一次、二次绕组匝数计算不准确，扣 2 分/组 （5）一次、二次绕组导线线径计算不准确，扣 2 分/组 （6）计算后的数据未进行核算，扣 10 分		
3	变压器绕制	40	（7）未裁剪好绝缘纸，扣 2 分/条 （8）绕线方法、线尾的固定、引出线的处理及外层绝缘等，不合理，4 分/个 （9）铁芯镶片不符合要求，扣 5 分		
4	主要参数测试	15	（10）通电检测时，出现短路跳闸现象，扣 5 分/次 （11）通电检测时，空载电流及输出电压不正常，扣 5 分/个 （12）绝缘电阻检测，电阻值不符合要求，扣 5 分/个		

续表

序号	评价内容	配分	评价细则	学生评价	教师评价
5	绝缘处理	10	（13）未经过绝缘处理直接使用的，扣 10 分 （14）绝缘处理不到位的，酌情扣 5 分		
6	安全文明操作	10	（15）违反安全操作规程者，扣 5 分/次，并予以警告 （16）作业完成后未及时整理实验台及场所，扣 2 分 （17）发生严重事故者，10 分全扣，并立即予以终止作业		
合计		100			

【思考与练习】

一、填空题

1．实验表明，任何磁体都有两个磁极，一个是____极，另一个是____极；而且磁极之间存在相互________，同名磁极相互________，异名磁极相互________。

2．磁场的基本物理量主要是指________、________、________、________。

3．磁性材料具有________、________、________等性质。根据磁滞回线形状的不同，可以将铁磁性物质分为________材料、________材料和________材料等三大类。

4．不论是闭合电路中的一部分导体做________运动，还是闭合电路中的________发生变化，都可以看成是穿过闭合电路的________发生变化，只要穿过闭合电路的________发生变化，闭合电路就会有________产生，这种利用磁场产生电流的现象称为________。

5．根据磁感线的分布，请你标示出磁极的名称：

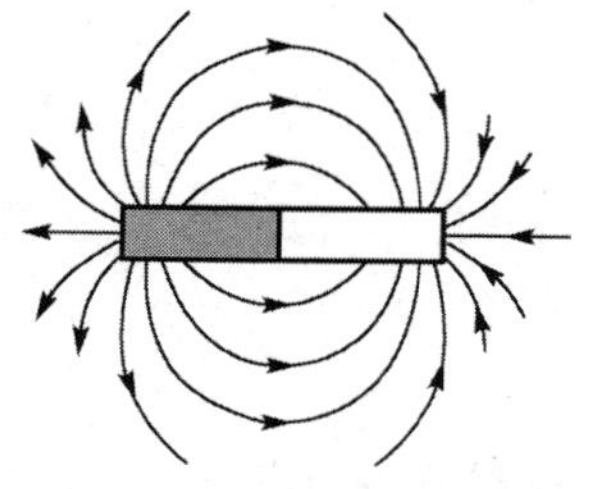

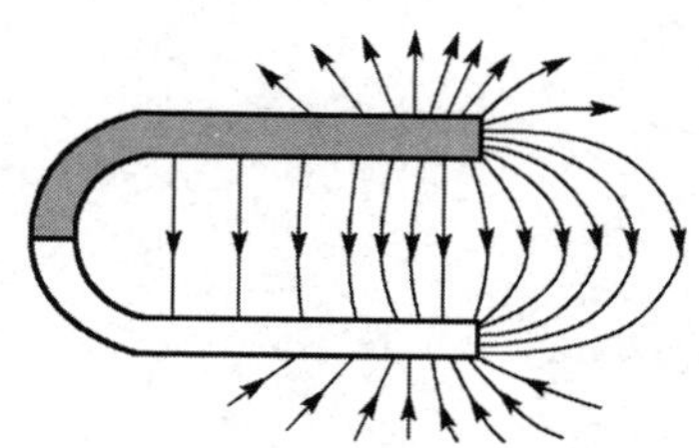

二、简答题

以通电直导线为例，简述安培定则判定磁场方向的方法。

三、计算题

1．有一匀强磁场，磁感应强度为 B=0.03T，计算介质为空气时该磁场的磁场强度；若介质为硅钢片，相对磁导率为 5000，则磁场强度又是多少？

2．有一小段通电导线长 10cm，电流强度为 4A，把它置入磁场中某点，受到的安培力为 0.2N，则该点的磁感应强度是多少？

3．有一个 1200 匝的线圈，在 0.6s 内穿过它的磁通从 0.02Wb 增加到 0.04Wb，求线圈中的感应运动势。

4．有一理想变压器，一次绕组匝数是 900 匝，二次绕组是 180 匝，将一次侧接在 220V 的交流电源中，若二次侧负载阻抗是 20Ω，求：

（1）二次绕组的输出电压；

（2）一次、二次绕组中的电流；

（3）一次侧的输入阻抗。

5．已知理想变压器的主要技术数据：一次绕组额定电压 U_{1N}=220V，二次绕组输出电压 U_{2N}=24V，额定电流为 I_{2N}=2A。求：

（1）额定输入功率 P_N、额定输入电流 I_{1N}；

（2）最大负载的阻抗值 Z_2；

（3）若 N_2=100 匝，那么 N_1 是多少？

※6．有一直流电磁铁，铁芯材料为硅钢片，铁芯截面的长度是 20mm，宽度是 25mm；磁路平均长度为 L=20cm。已知铁芯中的磁感应强度 B=0.9T，直流电压 U=220V，励磁电流 I=0.25A。求：

（1）电磁吸力 F；

（2）励磁线圈的匝数 N 及其电阻 R；

（3）磁路的磁阻 R_m。

任务 4–2

变压器主要参数的测试

班级：__________ 姓名：__________ 学号：__________ 同组者：__________

工作时间：第______周 星期______第______节（_____年_____月_____日）

【任务单】

根据图 4-2-1 所示变压器空载试验原理图和图 4-2-2 所示变压器短路试验原理图，请你完成以下工作任务。

（1）电路的连接

根据电路原理图，选择合适元器件，用导线连接器件分别完成两个电路的连接。

（2）电路的测试

① 变压器空载试验，测定变比 K、空载电流 I_0 和空载损耗 P_0，并求出励磁参数。

② 变压器短路试验，测定额定铜损 P_{Cu}、短路电压 U_K，并求出短路参数。

将测量数据分别填入表 4-2-1、表 4-2-2 中。

（3）实验数据分析

① 根据空载试验测量数据，计算变比、铁芯损耗、励磁参数等。

② 根据短路试验测量数据，计算铜损耗、短路参数等。

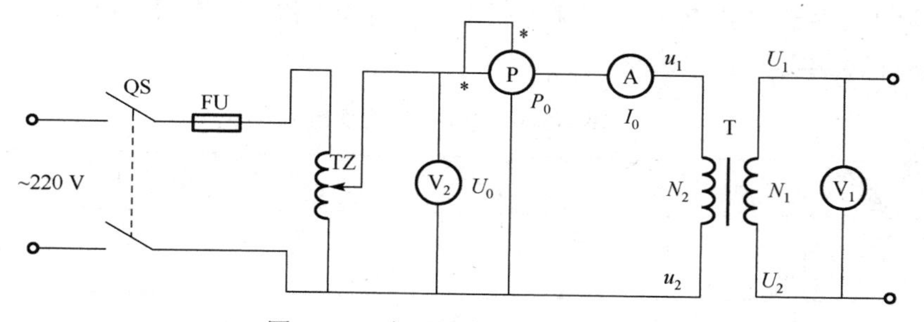

图 4-2-1　变压器空载试验原理图

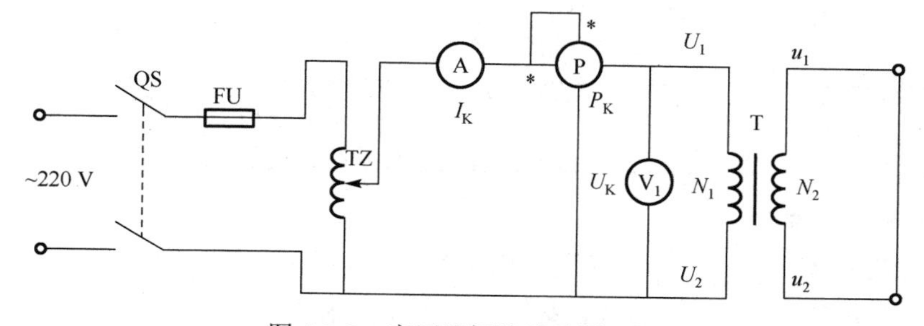

图 4-2-2　变压器短路试验原理图

【工作准备】

1. 电工仪表

根据任务单下达的工作任务，备齐仪表。主要仪表是：__________、__________、__________、__________、__________。

2. 器材准备

DS-IC 型电工实验台、220V 可调交流电源、单相变压器（220V/24V/2A）、专用导线若干。

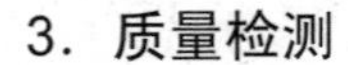

3．质量检测

根据工作任务，备齐所需的元器件，并对选择器件进行外观及质量检测。

【任务实施】

1．变压器空载试验

（1）电路的连接

① 将已选择好的元器件放置实在验台架上合理位置。

② 按图 4-2-1 所示电路，接好试验电路。

（2）电路测量

① 在不通电的情况下，将调压器旋钮逆时针方向转到底。

② 合上电源总开关，顺时针方向调节调压器旋钮，使变压器空载电源 U_0=________。

③ 然后，逐次降低电源电压，在 $1.2U_{2N}$~$0.5U_{2N}$ 的范围内，测量空载时的低压侧电电压 U_2、空载电流 I_0、空载损耗 P_0 和高压侧电压 U_1（U_{2N} 为必测点，在额定电压附近多测几次），测量结果记录在表 4-2-1 中。

表 4-2-1　空载试验数据表

序号 测量值	1	2	3	4	5	6	7
U_2/V							
I_0/A							
P_0/W							
U_1/V							

（3）实验数据处理

① 计算变比：K=___________（取平均值）。

② 当 $U_0=U_{2N}$ 时，U_1=_______V，I_0=_______A，P_{Fe}=_______W；

③ 计算励磁参数：Z_m=_______Ω，R_m=______Ω，X_m=_______Ω。

2．变压器短路试验

（1）电路的连接

① 将已选择好的元器件放置在实验台架上合理位置。

② 按图 4-2-2 所示电路，接好试验电路。

（2）电路测量

① 在不通电的情况下，将调压器旋钮逆时针方向转到底。

② 合上交流电源总开关，顺时针方向调节调压器旋钮，逐次增加输入电压，直到短路电流为 I_K=________为止。

③ 在 $0.5I_{1N}$~$1.2I_{1N}$ 的范围内，测量短路时的短路电压 U_K、短路电流 I_K、短路损耗 P_K（I_{1N} 为必测点，在额定电流附近多测几次），测量结果记录在表 4-2-2 中。

④ 断开实验台电源总开关，整理实验台。

表 4-2-2　短路试验数据表

室温______/℃

测量值 \ 序号	1	2	3	4	5	6	7
U_K/V							
I_K/A							
P_K/W							

（3）实验数据处理

① 当 I_K=I_{1N} 时，U_K=________V，P_{Cu}=________W；

② 计算短路参数：Z_K=________Ω，R_K=_______Ω，X_K=________Ω；

③ 折算到 75℃时的短路参数：

$Z_{K(75℃)}$=________Ω，$R_{K(75℃)}$=_______Ω，$X_{K(75℃)}$=________Ω。

【任务评价】

请你填写变压器主要参数的测试工作任务评价表（表 4-2-3）。

表 4-2-3　变压器主要参数的测试工作任务评价表

序号	评价内容	配分	评价细则	学生评价	教师评价
1	选用工具、仪表及器件	10	（1）工具、仪表少选或错选，扣 2 分/个 （2）电路单元模块选错型号和规格，扣 2 分/个		
2	器件检查	10	（3）电气元件漏检或错检，扣 2 分/处		
3	仪表的使用	10	（4）仪表基本会使用，但操作不规范，扣 1 分/次 （5）仪表使用不熟悉，但经过提示能正确使用，扣 2 分/次 （6）检测过程中损坏仪表，扣 10 分		
4	电路连接	20	（7）连接导线少接或错接，扣 2 分/条 （8）电路接点连接不牢固或松动，扣 1 分/个 （9）不按电路图连接导线，扣 10 分		
5	电路参数测量	20	（10）电路参数少测或错测，扣 2 分/个 （11）不按步骤进行测量，扣 1 分/个 （12）测量方法错误，扣 2 分/次		
6	数据记录与处理	20	（13）不按步骤记录数据，扣 2 分/次 （14）记录表数据不完整或错记录，扣 2 分/个 （15）测量数据处理不完整，扣 5 分/处 （16）测量数据处理不正确，扣 10 分/处		
7	安全文明操作	10	（17）未经教师允许，擅自通电，扣 5 分/次 （18）未断开电源总开关，直接连接、更改或拆除电路，扣 5 分 （19）实验结束未及时整理器材，清洁实验台及场所，扣 2 分 （20）测量过程中发生实验台电源总开关跳闸现象，扣 10 分 （21）操作不当，出现触电事故，扣 10 分，并立即予以终止作业		
合计		100			

【思考与练习】

一、填空题

1．空载试验时，低压侧________、高压侧________；短路试验时，高压侧________、低压侧________。

2．通过空载试验可以测量________、________等实验数据，利用这些数据可以计算变压器的________，额定电压下的________、________等。

3．通过短路试验可以测量________、________、________等实验数据，利用这些数据可以计算变压器额定电流下的________、________、________等。

4．为了减小测量误差，变压器空载试验时，电流表必须接在电压表的________；短路试验时，电流表必须接在电压表的________。

5．通过变压器空载试验获得的实验数据，可以检查变压器________、________的质量和绕组的________是否正确、有无________等现象。

6．通过变压器短路试验获得的实验数据，可以反映出一次侧绕组在额定电流时的________和________，可以用它来分析变压器的运行性能。________值越小，说明变压器的输出电压越稳定。

二、简答题

1．为什么说空载试验可以测铁损耗，短路试验可以测铜损耗？

2．变压器的空载试验和短路试验一般在哪一侧进行，为什么？

三、计算题

※1．有一台单相变压器，U_{1N}=220V，U_{2N}=24V，I_{1N}=0.3A，I_{2N}=2A。在低压侧做空载试验，测出数据为 U_0=U_{2N}=24V，I_0=0.13A，P_0=1.2W。在高压侧做短路试验，测出数据为 U_K=12V，I_K=0.32A，P_K=4.0W，室温为 20℃。求变压器折算到高压侧的励磁参数和短路参数。

※2。三相变压器绕组接线图如图 4-2-3 所示，试画出相应的相量图，并回答连接组别名称。

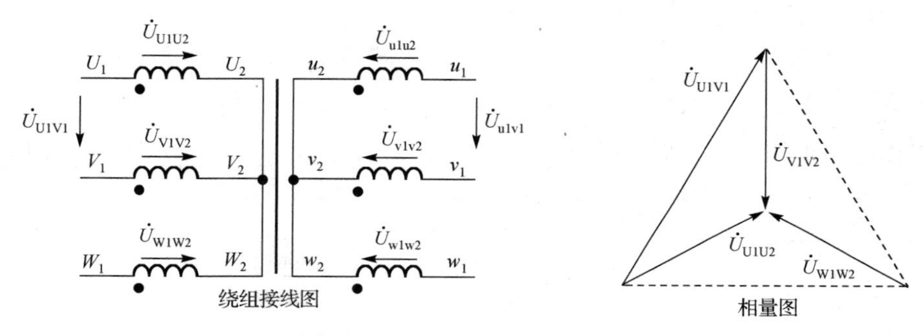

图 4-2-3　三相变压器连接组别

任务 5-1

电动机正反转控制电路的安装与调试

班级：_________ 姓名：_________ 学号：_________ 同组者：_________

工作时间：第______周 星期______第______节（_____年_____月_____日）

【任务单】

某三相异步电动机采用低压电器接触控制方式，按下正转（或反转）启动按钮 SB2（或 SB3），电动机正转（或反转）启动。启动后，按下停止按钮 SB1，电动机停止转动；只有电动机停止转动后才能进行正反转的切换。电动机正反转控制电路原理图如图 5-1-1 所示。

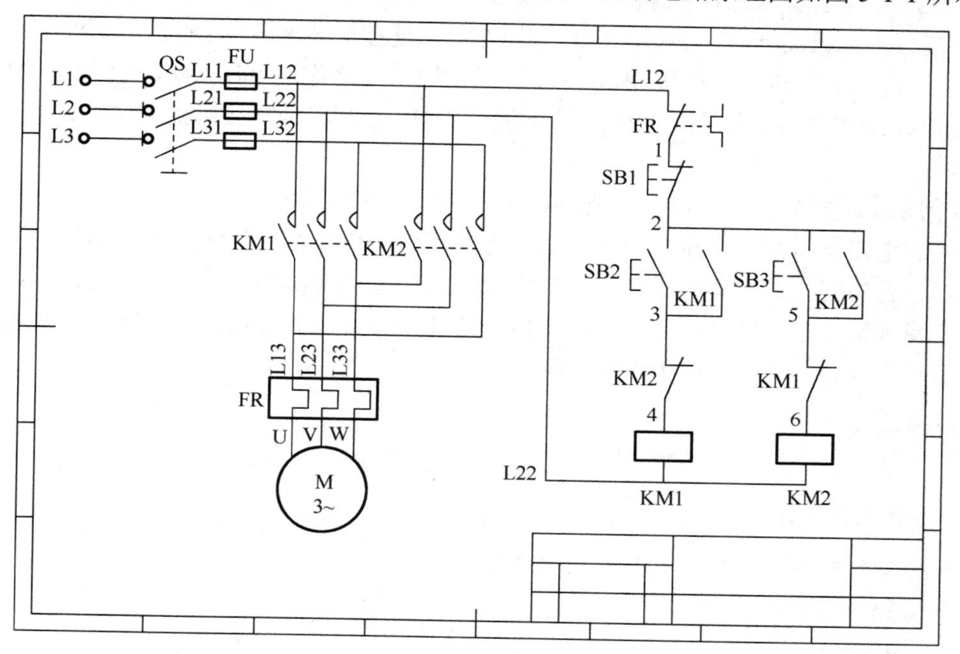

图 5-1-1　电动机正反转控制电路原理图

请根据以上要求，请你完成下列工作任务：

① 根据电气控制原理图正确选择和检测元器件，并合理摆放器件模块于实验台上。

② 按照电气控制原理图进行电路连接，接线工艺应符合规范要求。

③ 通电测试，实现控制要求的所有功能。

【工作准备】

1. 电工工具及仪表

根据任务单下达的工作任务，备齐工具和仪表。主要是：________、________。

2. 器材准备

电工实验台、三相交流电源模块、三相异步电动机（△接法，380V）、三相负荷开关（DS-C18）、按钮开关（DS-C17）、热继电器（DS-C12）、交流接触器 CJ20-10/380V（DS-C11）、专用导线若干。

3. 质量检测

根据工作任务，备齐所需的元器件，并对选择器件进行外观及质量检测。主要检测开关的通断、电动机绕组、继电器触点及线圈。

测得电动机每相绕组的电阻为______（取平均值），交流接触器线圈的电阻值为______。

4．工作原理分析

① 需要电动机正转时，按下正转启动按钮 SB2，正转接触器 KM1 动作，串在接触器 KM2 线圈回路中的互锁常闭触点 KM1 先断开，串在主电路中的主触点 KM1 及其自锁常开触点 KM1 闭合，实现电动机正转运行。

② 需要电动机反转时，先按下停止按钮 SB1，使接触器 KM1 复原，电动机停转。电动机停转后，再按下反转启动按钮 SB3，反转接触器 KM2 动作，串在 KM1 线圈回路中的互锁常闭触点 KM2 先断开，串在主电路中的主触点 KM2 及其自锁常开触点 KM2 闭合，实现电动机反转。

③ 需要电动机停止工作时，只需要按下停止按钮 SB1 即可。

该控制电路依靠两个交流接触器分别通电而起到换相作用，从而实现电动机的正反转运行。显然，若在同一时间里两组触点同时闭合，就会造成电源相间短路。该电路中，由于两个接触器互锁常闭触点的互锁作用，两个接触器线圈不会同时通电，主电路不会发生两相间的短路事故。这种互锁形式称为电气互锁。

【任务实施】

1．控制电路的接线

①根据电气控制原理图，合理放置元器件。

②按电路原理图进行接线。

2．通电测试

① 在通电测试之前，务必用万用表的电阻挡检测电路的通断情况，主要检测电路是否有________、________或________存在。

② 电路检测正常后，接通__________开关，闭合__________开关，将三相电源引入电动机控制电路，可以进行通电试运行。

③ 按下 SB2（或 SB3）按钮使电动机转动起来，观察电动机的旋转转向。按下 SB2 按钮时，电动机为________；按下 SB3 按钮时，电动机为________。（正转、反转）

④ 在电动机正常运行情况下，按下 SB1 按钮，观察电动机是否立刻停止？你的回答是：________。

注：实验完成后，断开电源总开关后拆卸电路，整理实验台，清点器材。

【任务评价】

请你填写电动机正反转控制电路的安装与调试工作任务评价表（表 5-1-1）。

表 5-1-1　电动机正反转控制电路的安装与调试工作任务评价表

序号	评价内容	配分	评价细则	学生评价	教师评价
1	准备工作	10	（1）工具、仪表少选或错选，扣 1 分/个 （2）电气元件选错型号和规格或少选，扣 1 分/个 （3）电气元件漏检或错检，扣 2 分/个		

续表

序号	评价内容	配分	评价细则	学生评价	教师评价
2	安装与接线	20	（4）器件位置布局不合理，扣 1 分/个 （5）不按电路图接线，扣 2 分/条 （6）布线不符合要求，如接点松动等，扣 2 分/条		
3	电路图识读	10	（7）不能识别电路图中器件的文字符号和图形符号，扣 1 分/个 （8）电路工作原理的分析有错误或不完整，2 分/处		
4	排除故障	20	（9）停电不验电，扣 5 分/次 （10）工具或仪表使用不当，扣 2 分/次 （11）不能查出故障点，扣 5 分/个 （12）查出故障但不能排除，扣 2 分/个 （13）损坏元器件，扣 10 分/个		
5	通电试车	30	（14）热继电器未整定或整定错误，扣 5 分/次 （15）熔体规格选用不当，扣 5 分/个 （16）第一次试车不成功，扣 5 分 （17）第二次试车不成功，扣 10 分 （18）第三次试车不成功，扣 15 分		
6	安全文明操作	10	（19）违反安全操作规程者，扣 5 分/次，并予以警告 （20）作业完成后未及时整理实验台及场所，扣 2 分 （21）发生严重事故者，10 分全扣，并立即予以终止作业		
合计		100			

【思考与练习】

一、填空题

1．根据__________定律，把________能转变为________能的旋转装置称为电动机。现代各种生产机械都广泛应用电动机来拖动，特别是三相异步电动机。

2．三相异步电动机的基本结构主要是________部分和转子部分，根据转子结构不同，三相异步电动机又分为________和________两种。

3．当电源电压等于电动机每相绕组的额定电压时，绕组应作________连接；当电源电压等于电动机每相绕组额定电压的 $\sqrt{3}$ 倍时，绕组应作________连接。

4．每台三相异步电动机的机座上都装有一块铭牌，铭牌上一般标示电动机相关的技术数据：如________、________、________、________、额定功率、额定效率、额定频率、额定转速、绝缘等级、工作制、防护等级等。

5．防护等级 IP44 第一个 4 表示______________，第二个 4 表示______________。

6．指出下列器件的名称，并填写在横线上。

________________　________________　________________　________________　________________

__________ __________ __________ __________ __________ __________

二、简答题

1．在电气安装与维修中所使用的电工用图一般有哪些？

2．简述低压断路器中的主要部件电磁脱扣器和热脱扣器的作用。

3．在通电测试如图 5-1-1 所示电路时，发现：电动机正转运行时，按下停止按钮 SB1 电动机能停止；反转运行时停止按钮无效，只能断开电源总开关。这是为什么？

三、计算题

1. 一台三相异步电动机的额定转速为 1440r/min，试求其同步转速、转子转差率及磁极对数。

2. 已知某型号三相异步电动机的额定数据为：功率 45kW、效率 92.3%、功率因数 0.88、电压 380V、过载系数 2.2、启动倍数 1.9。试求：

（1）额定电流；

（2）额定转矩、最大转矩、启动转矩。

任务 5-2

电动机降压启动控制电路的安装与调试

班级：________ 姓名：________ 学号：________ 同组者：________

工作时间：第______周 星期______第______节（______年______月______日）

【任务单】

某三相异步电动机采用低压电器接触控制方式，控制过程要求：按下启动按钮 SB2，电动机星形启动。延时 5 秒（时间继电器设定值）后，电动机三角形运行。运行行中，按下停止按钮 SB1，电动机立即停止。电动机正反转控制电路原理图如图 5-1-1 所示。

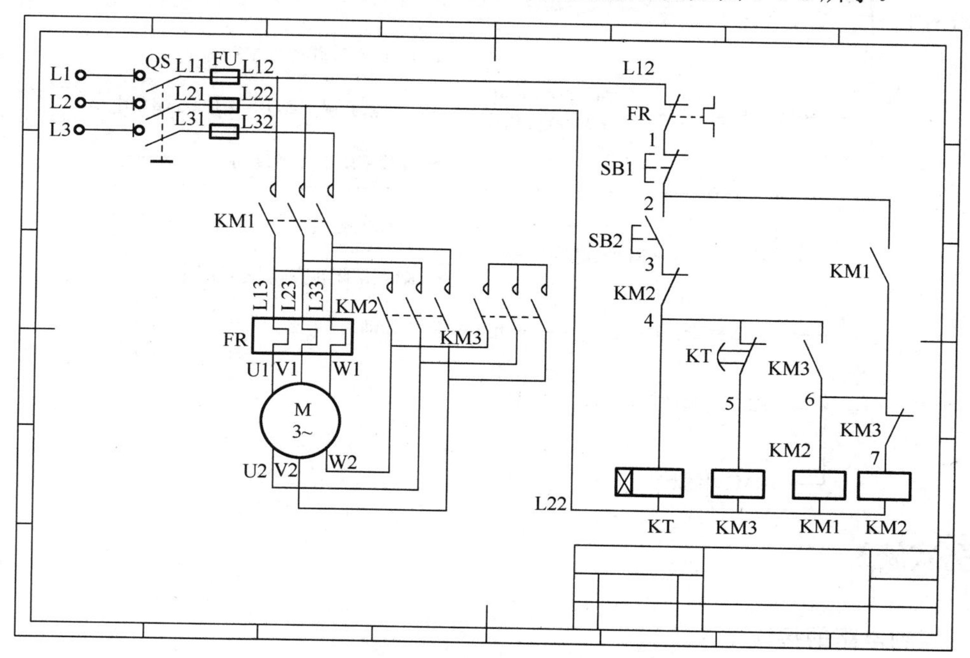

图 5-2-1　电动机正反转控制电路原理图

请根据以上要求，完成下列工作任务：

① 根据电气控制原理图正确选择和检测元器件，并合理摆放器件模块于实验台上。

② 按照电气控制原理图进行电路连接，接线工艺应符合规范要求。

③ 通电测试，实现控制要求的所有功能。

【工作准备】

1．电工工具及仪表

根据任务单下达的工作任务，备齐工具及仪表。主要是：__________、__________。

2．器材准备

电工实验台、三相交流电源模块、三相异步电动机（△接法，380V）、三相负荷开关（DS-C18）、按钮开关（DS-C17）、热继电器（DS-C12）、交流接触器 CJ20-10/380V（DS-C11）、时间继电器（DS-C14）、专用导线若干。

3．质量检测

根据工作任务，备齐所需的元器件，并对选择器件进行外观及质量检测。

4. 工作原理分析

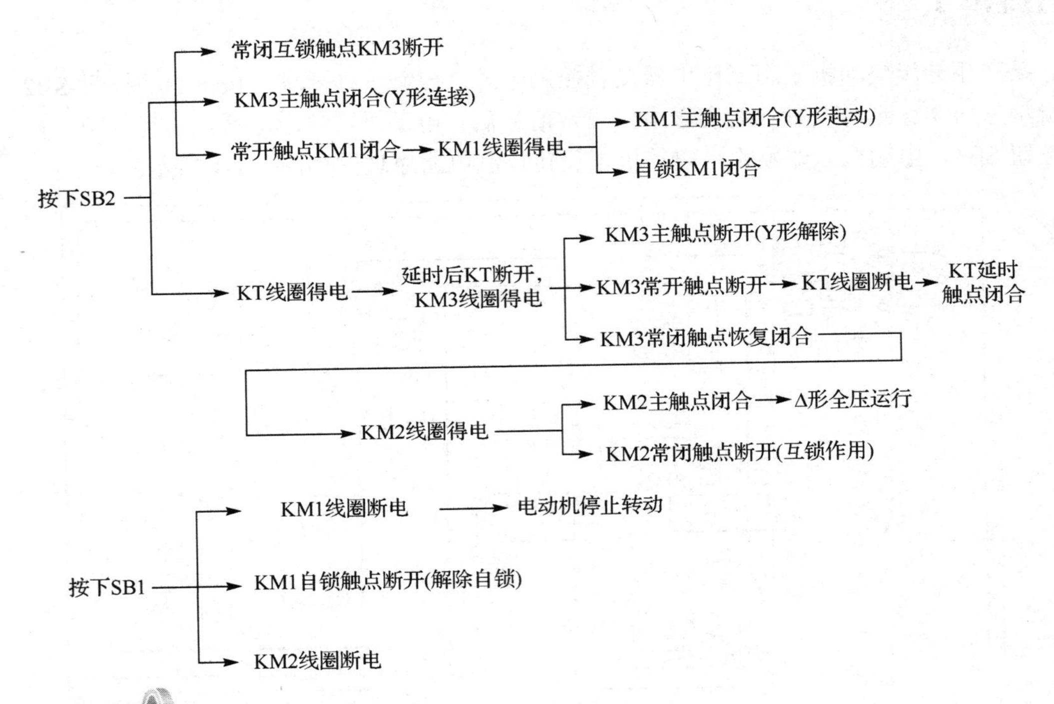

【任务实施】

1. 控制电路的接线

① 根据电气控制原理图，合理放置元器件。

② 按电路原理图进行接线。

2. 通电测试

① 在通电测试之前，务必用万用表的电阻挡检测电路的通断情况，主要检测电路是否有________、________或________存在。

② 电路检测正常后，接通__________开关，闭合__________开关，将三相电源引入电动机控制电路，可以进行通电试运行。

③ 按下启动按钮 SB2，使电动机________启动；延时一段时间（设定值为 5 秒）后，电动机进入________运行。注意观察各接触器、继电器的工作情况。

④ 在电动机正常运行情况下，按下 SB1 按钮，观察电动机是否立刻停止？你的回答是：________。

注：测试任务完成后，断开电源总开关，拆卸电路，整理实验台，清点器材。

【任务评价】

请你填写电动机降压启动控制电路的安装与调试工作任务评价表（表 5-2-1）。

表 5-2-1　电动机降压启动控制电路的安装与调试工作任务评价表

序号	评价内容	配分	评价细则	学生评价	教师评价
1	准备工作	10	（1）工具、仪表少选或错选，扣 1 分/个 （2）电器元件选错型号和规格或少选，扣 1 分/个 （3）电器元件漏检或错检，扣 2 分/个		
2	安装与接线	20	（4）器件位置布局不合理，扣 1 分/个 （5）不按电路图接线，扣 2 分/条 （6）布线不符合要求，如接点松动等，扣 2 分/条		
3	电路图识读	10	（7）不能识别电路图中器件的文字符号和图形符号，扣 1 分/个 （8）电路工作原理的分析有错误或不完整，2 分/处		
4	排除故障	20	（9）停电不验电，扣 5 分/次 （10）工具或仪表使用不当，扣 2 分/次 （11）不能查出故障点，扣 5 分/个 （12）查出故障但不能排除，扣 2 分/个 （13）损坏元器件，扣 10 分/个		
5	通电试车	30	（14）热继电器未整定或整定错误，扣 5 分/次 （15）熔体规格选用不当，扣 5 分/个 （16）第一次试车不成功，扣 5 分 （17）第二次试车不成功，扣 10 分 （18）第三次试车不成功，扣 15 分		
6	安全文明操作	10	（19）违反安全操作规程者，扣 5 分/次，并予以警告 （20）作业完成后未及时整理实验台及场所，扣 2 分 （21）发生严重事故者，10 分全扣，并立即予以终止作业		
合计		100			

【思考与练习】

一、填空题

1．电动机从接通电源到________的过程称为启动。直接启动时的启动电流较大，约为额定电流的________倍。

2．在电源变压器______不够大，而电动机______较大的情况下，直接启动将会导致电源变压器输出电压______，严重影响同一供电线路中其他电气设备的______和增大线路上的______。

3．判断一台电动机能否全压启动，可以用公式：______________________来确定。

4．利用启动设备将电压适当降低后，加到电动机的定子绕组上进行启动，待电动机启动运转后，再将电压恢复至额定电压，使电动机在额定电压下正常运行，这个过程称为__________。

5．常用的降压启动方法有：__________、__________、__________；绕线式电动机采用__________方法启动以减小启动电流并获得较大的启动转矩。

6．制动就是给电动机一个与运动方向__________的转矩使它迅速停止转动或限制其________的方法。电气制动包括：__________、__________和__________三种。

7．电动机常用的三种调速方法是：____________、____________和____________。

二、简答题

1．单相异步电动机的磁场与三相异步电动机磁场有什么不同？

2．在完成三相异步电动机星-三角降压启动控制电路的安装与调试任务中，你是否出现以下电路故障现象？若有，你是如何检测和排除的？

（1）接通电源后，按下启动按钮 SB2，电动机无法启动。

（2）电动机启动后，延时一段时间，电动机又停止下来了。

（3）电动机启动后，一直保持在星形启动状态而无法进入全压运行状态。

三、计算题

1．已知某三相异步电动机正常运行时是△接法，P_N=10kW，U_N=380V，n_N=1450r/min，I_N=19.9A，I_{st}/I_N=7，T_{st}/T_N=1.4，T_m/T_N=2。求：

（1）额定负载时的额定转矩、启动转矩及启动电流。

（2）若采用Y-△降压启动，求此时的启动转矩及启动电流。

（3）若负载为额定转矩为的 60%，该电动机能否采用Y-△降压启动？

2．某三相异步电动机额定功率为 1.1kW，绕组星形接法额定电流为 2.5A，现要将它改接为单相运行，采用三相绕组三角形接法，单相电压为 220V。求：运行电容器的电容量及耐压值。